Akademie der Landwirtschaftswissenschaften
der Deutschen Demokratischen Republik
Institut für Landwirtschaftliche Information und Dokumentation

agroselekt

reihe 3 • tierproduktion

Gegründet als „Landwirtschaftliches Zentralblatt"

Autorenregister 1988

Akademie-Verlag
Berlin

ISSN 0233-2752 agroselekt, tierproduktion, Berlin 33 (1988) Autorenregister

agroselekt — reihe 3 · tierproduktion

Im Plan der bibliographischen Vorhaben der Deutschen Bücherei Leipzig 1988 unter der Nr. 111 registriert.

Bezugsmöglichkeiten:

Bestellungen sind zu richten

— in der DDR an den Postzeitungsvertrieb unter Angabe der Kundennummer des Bestellenden oder an den AKADEMIE-VERLAG BERLIN, Leipziger Str 3/4, PF-Nr. 1233, DDR-1086 Berlin;
— im sozialistischen Ausland an eine Buchhandlung für fremdsprachige Literatur oder an den zuständigen Postzeitungsvertrieb;
— in der BRD und Berlin(West) an eine Buchhandlung oder an die Auslieferungsstelle KUNST UND WISSEN, Erich Bieber oHG, Wilhelmstr 4—6, D-7000 Stuttgart 1;
— in den westeuropäischen Ländern an eine Buchhandlung oder an die Auslieferungsstelle KUNST UND WISSEN, Erich Bieber GmbH, General Wille-Str. 4, CH-8002 Zürich;
— im übrigen Ausland an den Internationalen Buch- und Zeitschriftenhandel; den Buchexport, Volkseigener Außenhandelsbetrieb der Deutschen Demokratischen Republik, Postfach 160, DDR-7010 Leipzig, oder an den AKADEMIE-VERLAG BERLIN, Leipziger Str. 3/4, DDR-1086 Berlin.

agroselekt, reihe 3 · tierproduktion

Herausgeber: Akademie der Landwirtschaftswissenschaften der Deutschen Demokratischen Republik, Institut für Landwirtschaftliche Information und Dokumentation

Verlag: Akademie-Verlag Berlin, Leipziger Str 3/4, DDR-1086 Berlin; Fernruf: 2236221 oder 2236229; Telex-Nr 114420; Bank: Staatsbank der DDR, Berlin, Kto.-Nr: 6836-26-20712.

Anschrift der Redaktion: Akademie der Landwirtschaftswissenschaften der Deutschen Demokratischen Republik, Institut für Landwirtschaftliche Information und Dokumentation; Krausenstr 38/39, Postschließfach 1295, DDR-1086 Berlin; Fernruf: 2000461.

Druckgenehmigung: Ag 451/88/89

Offsetdruck und buchbinderische Verarbeitung: VEB Druckerei „Thomas Müntzer“, DDR-5820 Bad Langensalza

Erscheinungsweise: Jährlich erscheint 1 Band mit 12 Heften sowie einem Jahres-Autoren- und -Deskriptorensachregister

Bezugspreis je Band einschließlich Register 420,— DM zuzüglich Versandspesen; Preis je Heft 35,— DM Der gültige Jahresbezugspreis für die DDR ist der Postzeitungsliste zu entnehmen.

Bestellnummer dieses Heftes: 1030/III-33/AR 88.

AN (EDV) 47938.

Akademie der Landwirtschaftswissenschaften
der Deutschen Demokratischen Republik
Institut für Landwirtschaftliche Information und Dokumentation

agroselekt
reihe 3 • tierproduktion

Gegrundet als „Landwirtschaftliches Zentralblatt"

AUTORENREGISTER
1988
(Hefte 1—12)

Akademie-Verlag
Berlin

ilid

SSN 0233-2752 agroselekt, reihe 3, tierproduktion, Berlin **33** (1988) Autorenregister

Hinweis zum Autorenregister!

Die hinter den Autorennamen angegebenen Zahlen beziehen sich auf die Heft-Nummer (01 ... 12) und die Referenznummer (laufende Nummer im jeweiligen Heft), z. B. 06-0188. Jede Seite des Autorenregisters wird mit dem Verweis (Zitierleiste) auf Reihe, Jahrgang und Heft-Nummer abgeschlossen.

... 01-0117
01-0131 01-0134
01-0139 01-0147
01-0254 01-0318
01-0349 01-0357
01-0358 01-0574
01-0577 01-0578
01-0600 01-0624
01-0697 02-0102
02-0140 02-0156
02-0220 02-0295
02-0298 02-0312
02-0339 02-0572
02-0578 02-0619
03-0028 03-0110
03-0121 03-0128
03-0129 03-0130
03-0135 03-0141
03-0161 03-0250
03-0251 03-0263
03-0280 03-0439
03-0444 03-0445
03-0463 03-0514
03-0516 03-0518
04-0083 04-0085
04-0091 04-0095
04-0097 04-0111
04-0135 04-0193
04-0200 04-0213
04-0287 04-0340
04-0360 04-0371
04-0375 04-0382
04-0385 04-0444
04-0445 04-0547
04-0679 05-0071
05-0081 05-0084
05-0087 05-0098
05-0112 05-0123
05-0136 05-0149
05-0191 05-0232
05-0249 05-0253
05-0482 05-0488
05-0557 06-0040
06-0195 06-0226
06-0236 06-0323
06-0430 06-0472
07-0067 07-0074
07-0085 07-0089
07-0138 07-0166
07-0203 07-0262
07-0281 07-0283
07-0302 07-0303
07-0526 07-0530
07-0664 08-0014
08-0077 08-0078
08-0191 08-0514
09-0079 09-0273
09-0377 09-0422
09-0439 09-0558
09-0560 10-0057
10-0126 10-0158
10-0185 10-0296
10-0328 10-0329
10-0341 10-0344
10-0389 10-0611
10-0616 10-0633
10-0682 11-0016
11-0074 11-0100
11-0102 11-0135
11-0203 11-0294
11-0300 11-0354
11-0414 11-0673
12-0148 12-0151
12-0157 12-0323
12-0356 12-0389

... 12-0634
12-0635 12-0666
12-0758 12-0759
12-0771
"t hart,m. l. 08-0163
aagaard,k. lund
12-0764
aaman,p. 08-0113
aaman,per 04-0114
aasgaard,torbjoern
05-0392 11-0557
ababkov,m. m.
01-0038
abalde,julio 06-0350
abatan,m. o. 12-0461
abbasov,a. 09-0303
abbasov,b. kh.
01-0672 10-0656
abdel-aal,m. h.
11-0139
abdel-aziz,d. m.
03-0232
abdel-hakim,nabil
fahmy 03-0298
abdouli,h. 10-0122
abdullah,h. 07-0600
abdykerimov,a. a.
10-0239
abe,hiroki 11-0420
abe,matanobu 11-0005
abe,nobuaki 08-0009
abeerat,sopa 11-0587
abel,h. j. 04-0404
abelein,rolf 03-0290
abgarjan,l. v. 06-0032
abidin,a. z. 05-0287
abil"dinov,r. b.
09-0615
abilov,a. i. 07-0191
able,k. w. 08-0399
ablett,richard f.
09-0397
abo,s. r. 07-0048
abou-ashour,atef m.
07-0615
aboud,m. 06-0222
07-0129 09-0344
09-0349 11-0385
aboud,moussa 12-0451
aboul-ela,m. b.
07-0224
aboul-naga,a. m.
07-0224
abplanalp,h. 09-0307
abrahamsen,h.
04-0595
abramenko,m. i.
09-0446
abramjan,a. s.
08-0065
abramov,v. 08-0250
abramson,d. 01-0070
absher,c. w. 12-0255
abyawardene,s. a.
11-0681
achtzehn,w. 12-0330
ackefords,hans
11-0528
ackerman,s. e.
05-0214
acs,i. 01-0211
07-0183
adalsteinsson,s.
07-0225 11-0277

adalsteinsson,stefan
08-0461
adam,albrecht
03-0279
adam,t. 04-0244
07-0222 07-0298
adamczyk,maria
03-0186
adamek,jerzy 07-0499
adamicka,peter
11-0469
adams,a. 12-0694
adams,michael s.
01-0478
adebisi,a. a. 11-0449
adelt,bernd 02-0605
adenowo,t. k. 10-0261
adeola,o. 04-0115
adeyemo,oyewole
08-0500
adilovic,s. 09-0269
adkinson,r. w.
08-0081
adlgasser,michael
10-0420
adron,j. w. 02-0495
adumua-bossman,j. a.
05-0254
adzhaev,v. i. 02-0169
aebersold,ruedi h.
12-0068
aelten,g. a. van
10-0240
aerts,j. v. 06-0108
aerts,m. m. l. 12-0114
afanas"ev,e. a.
12-0577
afanas"ev,i. n.
06-0121
afanas"ev,k. i.
08-0378
afanas"ev,p. i.
07-0181
afanas"ev,s. a.
09-0437
afanas"ev,v. i.
12-0688
afifi,e. a. 04-0253
07-0612 07-0613
agami,moshe 07-0468
agarwal,s. b. 05-0103
agarwal,sampat kumar
11-0429
agbayani,renato f.
11-0589
ageev,v. 08-0272
aggarwal,kamal
04-0671
agnew,michael p.
06-0058
aguel,c. f. 05-0530
aguilar,m. i. 03-0044
11-0055
agusti,susana 10-0441
aherne,f. x. 02-0317
02-0318 06-0184
07-0255 10-0089
11-0308 12-0144
12-0367 12-0369
12-0781
ahlstroem,oeystein
02-0581
ahmad,jamil 05-0473
ahmed,ahmed khalil
07-0097

ahmed,h. u. 10-0261
ahmed,k. ahmed
03-0162
ahmed,m. rakat
07-0615
ahne,w. 05-0455
06-0373 06-0374
07-0401
ahunu,b. 09-0174
aida,katsumi 11-0451
11-0552 12-0660
aidokoniene,b.
02-0084
aina,e. 03-0015
ainsworth,a. j.
11-0616
ainsworth,l. 01-0684
03-0203
aire,t. a. 07-0304
aisen,e. 02-0644
aisen,e. g. 07-0614
aitchison,e. m.
01-0240
aitov,m. b. 06-0311
aitov,s. n. 02-0016
aitova,m. d. 01-0209
ajayi,t. o. 06-0301
ajazov,g. u. 10-0273
ajjdinjan,t. 07-0044
ajjek,makhmud juzef
el 12-0012
ajjtuganova,s. v.
11-0357
ajmal,mohammad
06-0355
akasha,muftah a.
12-0093
akbergenov,i. 07-0324
akhmedov,v. 09-0365
akhmedova,t. m.
07-0484
akhmetshiev,a. s.
03-0197 04-0240
akhmetzhanov,d.
07-0385
akimov,i. a. 07-0645
09-0582
akimov,v. a. 09-0474
09-0476
akimova,t. m. 09-0569
akitomo,ichiro
10-0149
akiyama,toshio
06-0384
akopjan,n. m. 09-0534
akopjan,s. 01-0259
akopov,a. a. 06-0032
aksiuto,waclaw
01-0090
akynijazov,d. 03-0317
08-0283
al halak,m. 09-0362
al-amoudi,m. a.
11-0571
al-ani,l. m. 10-0183
al-azzawi,k. 07-0334
al-hassan,l. a. j.
05-0295
al-jafery,asmaa r.
10-0421
al"ba,eh. 01-0263
al"peisov,m. 03-0309
05-0234
alabaster,j. s. 03-0333
alabi,n. s. 05-0024

alabusheva,o. i.
04-0201
alam,m. r. 12-0153
alawa,j. p. 04-0019
alberio,r. h. 11-0170
albert,guenter 06-0408
albertini-berhaut,
jocelyne 04-0449
albertova,o. 04-0525
05-0340
aldanazarov,s. 10-0255
alden,eva 01-0626
01-0627 05-0486
09-0532 09-0534
11-0642
alderman,d. j.
07-0593 12-0598
aldcori,a. a. 10-0183
aldrin,j. f. 06-0382
12-0717
aleandri,r. 11-0098
alekhina,r.p. 05-0357
aleksandrov,ju. v.
12-0579
aleksandrov,stefan
02-0214
aleksandrov,v. a.
01-0375 04-0414
aleksandrova,nadja
12-0362
aleksandrova,v. z.
10-0601
alekseev,f. 03-0323
07-0388 08-0283
12-0457
alekseev,s. m.
12-0648
alekseeva,t. a.
05-0386
aleksiev,aleko 07-0137
aleksieva,dimitrina
03-0280 12-0021
aleksieva-
drbokhlavova,
dimitrina 05-0211
aleshko-ozhevskijj,ju.
p. 01-0438
alesina,g. b. 10-0248
alessandri,j.-m.
05-0040
alexander,bryan w.
11-0095
alexis,maria n.
03-0431
alger,d. j. 04-0471
ali,b. h. 11-0408
ali,m. m. 07-0373
ali,t. e. 09-0197
10-0194
ali,talib m. 01-0632
aliev,a. a. 01-0024
02-0010 02-0015
02-0069 02-0203
12-0308
aliev,g. a. 02-0237
03-0195 03-0196
03-0199 10-0268
11-0281
aliko,haxhi 05-0124
alimov,a. f. 09-0433
12-0463
alishejjkhov,a. m.
05-0210
aljakrinskaja,i. o.
02-0406

allain,d 02-0588
allamuratov,m. 10-0280
allan,j. r 05-0299 05-0301
allan,janice e 08-0015
allan,john r 03-0368
allard,michele 01-0440
allazha,r k. 10-0297
allegretto,elizabeth a. 04-0060
allen,j. d 11-0018
allen,j. g. 05-0165
allen,s. e 05-0534
allendorf,fred w 02-0490
alliot,e 11-0602
allmendinger,a 12-0452
allsop,t. f 01-0241
allwoerden,n h von 11-0068
almeida,a. p 01-0678 05-0522 05-0528
almeida de silva, martinho de 12-0147 12-0391
almeida jun ,i l 11-0166
almendras,j. m. e 09-0528
almlid,t. 11-0105
alne-na-ei,a. a. 02-0429
alonso,o e 02-0633
alps,h 11-0252
alster,f a. 10-0020
altmann,g 10-0625
altuf"ev,ju. v 03-0492 09-0493
altukhov,ju. p 08-0371
alvarez,j. l 10-0249
alvarez,r j. 09-0320 11-0391
alwash,a. h 01-0186
amal,s 07-0167
amangel"diev,eh 11-0267
amann,erwin 01-0474
amann,r p 03-0529
amarbaev,a.-sh m 01-0672 10-0656 11-0675
amblard,christian 03-0390
ambrosino,rita 07-0051
ambrosius,h 01-0611
ameenuddin,s. 01-0379
amer,a. a. 03-0298
amer,hubert 10-0079
amerio,m. 01-0562 03-0432
amgarten 07-0372
amin,monir 06-0062
amin,omar m 11-0621 11-0624
amir,s. 12-0179
amirkulov,kh 01-0524
amling,c 07-0136
amorim ramos,alcides de 11-0213
amutio,v g. 04-0579
amyot,e. 07-0296 09-0126 12-0425
anashina,n 06-0412 09-0562
anders,e 01-0556 01-0568 04-0609
andersen,h refsgaard 06-0154
andersen,l 09-0308
andersen,l m. 01-0327
andersen,niels a. 10-0577
andersen,ole 02-0047
andersen,soeren 01-0696
anderson,bruce m 02-0073 02-0077
anderson,g b. 03-0578 04-0698 05-0552
anderson,j. 04-0077
anderson,k. l 10-0007
anderson,m robin 03-0389
anderson,monica 11-0245
anderson,r d 11-0194
anderson,r r 12-0093
andersson,k. s. 05-0224
andersson,monica 10-0143
ando,satoshi 02-0200
andreev,e f 04-0078
andreev,v m. 02-0575
andreeva,i. e 07-0058
andreeva,t. 12-0434
andreeva,z 08-0261
andrejjchuk,e v 02-0076 03-0010 04-0272
andrejjchuk,v v 09-0476
andrews,cater w 10-0439
andrews,p l r 05-0258
andrianov,v v 04-0455
andrienko,t. l 12-0551
andries,j. i. 06-0083 06-0159
andronnikov,s b 05-0430 09-0530
androshhuk,a. f 01-0458
andrusishin,p. f 09-0270 09-0287
angelov,angel 10-0008
angelov,kiril 06-0190 06-0202
angelov,milcho 09-0201
angelova,lidija 06-0193 10-0338 12-0150 12-0155
angelow,l 02-0085
anisimov,f 08-0064
anke,m 02-0033 02-0034 02-0040
anke,m. 02-0043 02-0045 02-0049 02-0050 02-0053 02-0055 02-0061 02-0081 02-0085 02-0088 02-0090 03-0033 03-0058 03-0094 03-0188 03-0267 03-0272 09-0113 11-0150
anke,manfred 11-0151
annanurov,ch. n 01-0079
annoni,d 11-0491
ansari,b a. 06-0389
ansari,badre alam 09-0513
ansari,i. a. 02-0563 07-0554
antal,t. 09-0133
antane,v v 06-0121
antipova,t. ju. 12-0738
antonenko,v i. 11-0109
antonjuk,v s. 11-0159
antonov,p. p. 11-0260
antov,s. n 03-0170
antunac,n 07-0245
antychowicz,jerzy 10-0564
anwand,k. 05-0363
anwar,rashid a. 12-0078
anzai,hiroshi 05-0278
aoki,ichiro 10-0427
aoyagi,y 05-0016
apahideanu,i. 05-0497
apatenko,v m. 11-0239
apolen,d 03-0213 04-0238
apostol,p a. 12-0613
appelbaum,s. 11-0583
appleby,m. c. 07-0294 12-0446
appuhn,e 05-0558
apsite,m. r 02-0007
ar,a. 07-0386
arafat,e a. 11-0274
arai,katsutoshi 06-0261 10-0523
arakawa,tsutomu 07-0042
aralar,emiliano v 11-0561
aranda,p 10-0044
arauja-lima,c a. r m. 04-0479
arave,c w 10-0647 12-0248
arcatbanov,v ju. 09-0404
archibald,a. l 12-0359
arcifa,m. s. 01-0469
ardal,ola dagfinn 04-0635
arendonk,johan a. m. 04-0146
arieli,y 11-0520
arieli,yeruham 02-0471
arkhapchev,ju p 08-0040
arkhimpov,a. v 02-0028
arkhipchuk,v v 01-0458
arkhipov,a. 04-0415
armas,r de 09-0593
arme,c. 11-0617
armeev,v f 05-0506
armstrong,d. g. 04-0002 08-0046 08-0165 09-0065 12-0005 12-0088 12-0294
armstrong,d w 02-0573
armstrong,edward r 12-0575
armstrong,g. t. 03-0570
armstrong,j. d 05-0269
arnal,m 03-0014 04-0105 07-0234
arnason,th. 12-0744
arnason,thorvaldur 04-0652
arndt,h 05-0364
arnhold,w 02-0045
arnold,g w 04-0258
arriaga-jordan,c. m. 01-0191
arriola,j. 09-0084
arsan,o m. 05-0274
artamonova,t. i. 09-0458 09-0502
artamonova,v e 01-0132
artem"eva,n 01-0360
artemov,a. 01-0263
artemov,a. t. 12-0591
artigas paulo de toledo 01-0614
artoisenet,p. 06-0176 11-0283 11-0285 11-0290
arts,michael t. 07-0470
arutjunjan,a. 10-0511
arylov,a. n 06-0033
arylov,ju. n. 06-0033
asadullaeva,eh s. 12-0643
asahida,y 09-0223
asai,homare 09-0016
asakawa,hiroyoshi 11-0427
asanaliev,a. 02-0252
asano,hirotoshi 11-0425
asano,minoru 10-0026
asanov,a. ju 09-0426
asbury,a. c 05-0548
asenov,plamen 01-0631
ash,a j. 12-0353
ash,j. 09-0253
ashkhotov,v l 04-0182
ashman,r. j. 01-0688
ashoor,samy h 11-0067
ashton,p j. 10-0430
asi,a. a. 12-0625
aslam,m. 06-0389
asotra,satish 10-0084
aspden,w j. 09-0160
asplund,j. m. 11-0124
asrijan,m. a. 05-0226 11-0394
assis,pedro silvio 11-0212
ast,herbert 12-0293
atanasov,neno 10-0609
atchison,gary j. 03-0508
athanassopoulou-raptopoulou,f 07-0582
atkins,k. d. 03-0206
atkinson,j. l. 06-0321
atkinson,james l 12-0623
atlavin,a. b 02-0007
atri,f r 01-0527
atsuta,shizuo 10-0560
atsuta,sizuo 05-0442
attaix,d. 03-0014 07-0234
atteh,j. o. 04-0400 07-0338
atwal,a. s. 06-0085
atwell,j. k. 05-0553
aubel,mark t. 10-0077
auclair,allan n d. 03-0472
audet,c 08-0306
audigier-petit,colette 09-0022
auernhammer,h 11-0101
auernhammer,hermann 03-0163
auerswald,ulrike 12-0260
auffray,y 10-0104
augustine,o 06-0293
augustini,ch 04-0367
aukmane,z. k 10-0297
aumaitre,a. 11-0349
aumen,nicholas g 01-0528
aust,l 11-0042
austin,b. 11-0615
austreng,erland 04-0543 05-0392
autorenkollektiv 03-0070
autrum,hansjochem 09-0568
auvergne,a. 02-0589 08-0468 12-0456
avarvarei,teona 06-0036
avdeeva,v n 11-0167
avdonin,b. 07-0355
avens,john s. 05-0190
aver"janova,o v 09-0393
averdunk,g. 01-0163 04-0150 07-0162
averin,v s. 02-0067 02-0068 06-0019
avila,enrique m. 11-0605
avila,m. 11-0322
avnimelech,yoram 03-0460

avramenko,p s 07-0076
avron,m 01-0374
avudzhi,m a. 06-0110
awaji,masahiko 11-0447
awakura,teruhiko 09-0523
ax,r l. 11-0088 12-0133
axelsen,a. 12-0343
axelsson,michael 01-0439
axler,r p 05-0351
ayyappan,s 02-0525 09-0432 11-0487
azamatov,n 01-0218
aziz,m. a. 07-0176
azzara,c d. 09-0219
baars,a. j. 06-0361
baath,ch 01-0605
babaev,i ju 10-0656
babbitt,jerry k 01-0561
babella,gy 11-0229
babickijj,v a. 03-0391 12-0555
babik,danuta 08-0446
babile,r 12-0456
babin,patrick j. 05-0284 12-0491
babinszky,l. 01-0324
babunidze,o 10-0603
babunov,v 07-0327
babushkina,e v 05-0080
bach knudsen,k. e 08-0113 08-0114
bacher,juergen 03-0278
bachman,k c 11-0208
bachmann,h j. 04-0072
bachmann,ph 11-0168
bachurina,v ju. 12-0102
bacilek,jaromir 08-0487
badambjamba,m. 06-0267
bade,david h 04-0082
badenko,v f 09-0289
baerends,g. p 05-0297
baghel,k. k. s. 10-0362
bagirov,ju. d 04-0243
bagliniere,j. l 04-0470 06-0266 12-0530
bago,jozsef 12-0128
bagrijj,b. a. 02-0112
bagrijj,i. g. 12-0763
baidoe,s. k 02-0317 02-0318
baidoo,s. k. 07-0255
baile,c. a. 12-0054 12-0233
bailey,john k 02-0499
bailey,r g. 06-0286
bailey,robert e 04-0600
baintner,f 11-0141
baird,d j. 07-0451
bajdal,k. 01-0242
bajjkenova,s d 11-0267
bajjkov,bajjko d 01-0095
bajjkovskaja,i 02-0368
bajjmut,f t. 01-0362
bajjtugelov,o 09-0230
bak"kovskijj,b 10-0298
bakajj,s. m. 07-0126
bakanov,a. i 06-0288
bakanov,v n 01-0375 04-0414
baker,anne-marie c 01-0200
baker,b i 12-0484
baker,david h 02-0126 10-0013 10-0137
baker,ian j. 11-0594
baker,irene 10-0607
baker,judy p 10-0151
baker,r c. 10-0679
baker,r keith 12-0090
baker,r l 02-0168 02-0170
baker jun.,william b 06-0300
bakhmutova,t. 08-0144
bakhtin,d 01-0369 06-0214
bakhtina,v i 09-0452
bakken,m 11-0647
bakker,h 12-0173
bakowska,aleksandra 08-0465
bakshtanskijj,eh l 05-0394 09-0415
baksi,s m 12-0720
bakule,l 03-0482
bakule,lubomir 11-0505
bal"chjauskene,l ju. 09-0460
bal"zhekas,i. a. 03-0549
balabio,r 11-0305
balakhnin,i a 07-0580 12-0714
balakirev,n a. 06-0402 09-0536
balakshin,0 09-0559
balarin,john 01-0588
balashev,r i. 10-0498
balashov,n 09-0082
balazs,m 07-0086 07-0087
balcerzak,krzysztof 03-0114
baldia,j. p. 06-0344
baliao,dan d 11-0589
baljasinskijj,i. 02-0390
ball,b a. 10-0664
ball,b.a. 05-0547
ball,r o 02-0306
ballachey,b. e 06-0089
ballam,j. m. 10-0202
ballova,sarlota 12-0314
balnave,d. 01-0384
balnave,derick 09-0324
balogh,a 08-0133
balogun,j. k. 04-0475 07-0424
balon,eugene k 04-0593
baltadzhi,r a. 07-0539
baltay,m. 04-0280 04-0317
balzer,marie-luise 03-0191
bampton,p r 07-0374
bandura,a. 06-0124
banerjee,m. 10-0580
bangyu,kuang 10-0608
bani,p. 07-0049
bani,uazhdi al 07-0169
banks,william 06-0145
banner,claudine 03-0601
bannikov,a. i 05-0515 06-0439
banno,j. e 06-0342
bapst,andre 03-0382
bar,arie 12-0052
bar,sara 01-0061
bar-anan,r 11-0199 12-0238
barabanova,v v 06-0433 10-0626
barabanshhikov,n v 11-0136
barabasz,boguslaw 08-0443 08-0450 08-0454 09-0543
barabasz,jolanta 01-0198 01-0199 03-0175
baragi,v 06-0349
baranauskas,s. 01-0381 06-0217
baranauskas,s. k 07-0336
baranchuk,v v 12-0761
barannikova,i. a. 09-0442
baranov,o k 06-0405
baranov,s. a. 12-0620
baranova,g 11-0392
baranova,o. k. 10-0233
baranowski,antoni 10-0234
barany,i. 04-0158
barber,ellen f 10-0028
bardach,john e 04-0582
bardega,r 06-0327
bardega,ryszard 07-0533 12-0494 12-0640
barekjan,a. sh. 02-0546 03-0484
barila,theresa y 05-0444
bariteau,f 08-0087
barjan v 01-0351
barkalaja,r r 09-0167
barker,p. j. 09-0003
barlow,g. w 05-0282
barnes,d. a. 07-0244
barnes,f l 05-0541 10-0632
barnes,frank l 12-0791
barnes,william c 01-0126
baron,g. 08-0086
barondes,samuel h 08-0055
barone,guido 07-0051
barr,d a 01-0370
barrionuevo,m. 06-0031
barron,m g 03-0338 12-0482
barry,t. 05-0053
barry,t. n 01-0241
barteczko,jan 12-0340
bartel,r 08-0325
bartel,ryszard 04-0552 10-0422 10-0423 10-0424 10-0425
bartels,h 08-0031 08-0032
bartels,iris 05-0088
barth,t 01-0583 07-0532 09-0487
barthelmes,d 03-0459 05-0361
barton,a. 04-0299
barton,bruce a. 11-0553
barton-gade,p a 01-0275
barton-gade,patricia a. 01-0314 12-0397
bartosiewicz,l 04-0165 07-0168
bartov,i. 08-0275
bartram,c g 07-0006
barus,vlastimil 04-0509
barzilovich,s i 12-0763
basagoiti,i. 01-0062 02-0058
basak,b. 12-0071
basarab,j. a. 04-0211 10-0203 11-0275
bashirullah,a k m. 12-0702
basova,n a. 07-0013
basrur,p k. 10-0650
bassalik-chabielska, ludmila 09-0179 09-0181
bastakov,v a. 01-0456
bataeva,a. p 01-0328 02-0314
bate,l a. 07-0297
bath,dale w 04-0495
bathelt,e r 12-0111
batra,t. r 12-0161 12-0176
battarbee,richard w 04-0591
batterham,e s. 01-0327
battista,m. g 08-0507
batts,w n. 08-0416 08-0417
bau,h. m. 04-0118
baudouin,m. f 11-0491
bauer,g. 07-0068 11-0479 11-0480
bauer,g. 11-0481
bauer,j. 05-0351 09-0340
bauer,johannes 05-0348 08-0404 09-0517
bau ain,u. 02-0280 12-0375
bauman,d. e 12-0234
bauman,dale e 04-0161
bauman,victoria k. 04-0073
baumann,a. 02-0305
baumann,christa 11-0292
baumann,martina 11-0690
baumung,a. 02-0161 07-0084
baumung,albrecht 07-0133 08-0125
bavister,b 02-0635
baxa,dolores v 05-0448 05-0449
bayard,j. 03-0517
bayley,h s 03-0265
bayne,david r 08-0384
bazanova,n u 06-0007
bazer,gary t 04-0448
beacham,t. d 07-0422
beacham,terry d 03-0346 11-0555
beakes,g w 05-0460
beames,r m 03-0088
beamish,f w h 01-0559 06-0363 07-0418 07-0440
beamish,r j. 07-0418 07-0445
beamish,richard j. 07-0443
beaty,narlin b. 05-0036
beaver,rodney w 06-0052
bechen,c. 07-0134
bechen,s. 07-0134
bechstedt,u. 02-0627
becht,richard r 10-0010
beck,l. todd 06-0398
beck,n f g 02-0242
beck,r 06-0080 06-0081
beck,t. 06-0080 06-0081
becker,j. 02-0328 12-0146
becker,k. 12-0599
becker,klaus 03-0435
beckers,j. f 02-0625
beckert,h -g. 12-0264
beckett,geoffrey j. 12-0048
beckett,p r 03-0020
becks,g. p. 04-0068
becze,j. 04-0700
bedaux,j. j. m 12-0534
beddies,m 02-0646
beddows,sarah e 12-0048

bedford,m. r 04-0409
bednarczyk,m. 09-0366
bednarova,d 02-0443
beek,w m. j. 12-0114
beever,d e 04-0006
begin-heick,nicole 11-0048
beheler,joanne e 09-0051
behera,b. c. 06-0077
behmer,edith 09-0261
behnke,e j. 01-0098
behnke,hans 04-0442
behnke,heike 11-0453
behr,k.-p 09-0364
behrens,klaus 11-0249
behrens,p. 03-0057
behrens,willy a 10-0060
beitz,d c. 03-0049 04-0015 12-0042
bekchentaev,m. 01-0260
bekenev,v 10-0317
beker,dubravka 03-0064
bekina,e n 06-0252 07-0569 12-0716
bel,julius 12-0529
bel"denkov,a. i. 10-0011 10-0253
bel"gibaev,a. k. 02-0137
belanger,g. 02-0319
belitz,hans-dieter 03-0042
beljaev,d k. 06-0104
beljaeva,t. 05-0208
beljaeva,v n 05-0357
beljakov,v p 03-0392
belka,w 09-0610
belkina,n 12-0159
bell,j. g. 02-0495 05-0410
bell,j. m. 04-0121 04-0349 04-0351 07-0123
bell,m. c. 01-0060
beller,imrich 11-0202
belles,xavier 09-0567
bellin,m e 11-0088
belluk, b m. 11-0276
beloborodova,e n 09-0466
belogolova,l a. 09-0405
belokopytin,ju. s. 03-0336
belorechkov,dimitahr 11-0361
beloshickijj,v m. 02-0165
belostozkaja,galina 11-0188 12-0189
belousov,a. a. 07-0289
belousov,a. n 05-0394
belousov,v 08-0251
belov,b m. 05-0210
belov,v s. 12-0565
belova,m a. 04-0520
belova,m. i. 12-0606
belova,n v 09-0500
belsare,d k. 02-0092
belyavin,c. g. 10-0382 11-0380 11-0382
ben-amotz,a. 01-0374
ben-yami,m. 10-0466
benahmed,h 03-0098 09-0108
benasutti,matt 11-0078
benc,frantisek 01-0154
bencze,a. 12-0253
bendel,a. 08-0259
bendell,barry e 05-0321
bendich,adrianne 10-0056
bendt,thomas 04-0601
benedict,arthur h 08-0390
benekhis,b m 11-0184
benevenga,norlin j. 12-0041
benfey,tillmann j. 03-0467 10-0528
benfield,e f 10-0454
benkov,benko i 01-0272
benkov,mitko 06-0202
benkova,jana 01-0413
benndorf,juergen 07-0474 11-0506
bennekum,a. m. van 11-0600
bennett,i. l 11-0181
bennett,j. w 10-0101
bennett,l c 07-0437
bennett,m. b 05-0268
bennett,r o 12-0723 12-0724
benoff,f h 01-0368 10-0365 10-0370
benoit,mme 09-0257
benyei,b 04-0697
benzing-purdie,laure m. 04-0047
ber,k. andersen 02-0583
berardino,d di 08-0063 12-0349
berberich,r 04-0374
berdongarova,o 09-0615
berdyshev,g. d 01-0458
berek,g. 04-0346
beremski,chavdar 01-0400 09-0351
berestov,v a. 10-0597 12-0737
berest0v,v a. 11-0644
berezhnaja,l a. 12-0342
berezivskijj,p. 07-0223
berezjuk,i. m. 11-0317
bereznev,v 03-0323
berezovskijj,n 01-0257 04-0277 08-0187
berg,d 03-0032
berg,f 09-0215 10-0121
berg,hans 10-0022
berg,m b 05-0320
berg,magnus 12-0531
berg,ole kristian 12-0531
berg,r 09-0425
berg,r t. 03-0112
berger,alvin 12-0650
berger,k. 09-0295
bergersen,eric p. 03-0354
bergfeld,j. 03-0565 07-0655
berglund,britt 12-0035 12-0180
bergmann,joachim-hans 10-0627
bergmann,monika 03-0261
bergner,h. 01-0012 03-0008 03-0016 03-0036 04-0027
bergner,michael 03-0191 05-0137
bergner,u. 03-0008
bergot,p. 07-0522
bergstroem,l -o. 01-0152
bergstroem,p l 05-0130 11-0219
berka,r 04-0623 05-0415 05-0481 11-0599 11-0638 12-0731
berkner,f 01-0353
bernacka,henryka 08-0456
bernacki,zenon 02-0247
bernard 05-0067
bernardi,r de 05-0250
bernatchez,louis 07-0412 08-0326
berner,h 07-0299
bernhardt,h 07-0550
bernhardt,heinz 07-0546
bernier,paul e 12-0435
bernier-cardou, michele 09-0271
berning,l m. 10-0097
berra,g p 11-0270
berrio,i. 10-0351
berschauer,f 01-0319 03-0017 03-0023 09-0114 10-0017
berschick,p. 05-0273
bertelt,w 02-0338
berthiaume,l 06-0375
berthon,patricia 01-0048
bertilsson,jan 12-0300
bertling,l 03-0440
bertoni,g 07-0049
bertrand,s. l 12-0015
bertrand,solange l 12-0013
bertsch,w 05-0505
bertuzzi,s 10-0388
berus,m v 05-0004 10-0235
berus,v k. 04-0242 09-0237 10-0264
berzin,nadezhda i. 04-0073
bessarabov,b. 07-0333 09-0322
bessarabov,b. f 01-0363
bessmel"cev,n 08-0248
bessonov,n. 03-0328
best,elly p. h. 04-0519
besulin,v 02-0369 12-0132
bethge,g. 01-0565
betljaev,r 01-0278 04-0291
bettges,juergen 02-0527
beuster,karin 02-0179
bevers,m. m. 05-0523 10-0642 11-0678
bevis,edward a. 07-0241
bezard,jaqueline 10-0131
bezenko,t. i. 11-0240
beznoe,t. v 07-0589
bezrukov,v f 12-0487
bezusov,e 02-0354
bezusova,a. p. 11-0358
bgatov,v i 06-0030
bhadauria,s. s. 05-0099
bhatnagar,deepak 11-0079
bhatnagar,k. c 05-0103
bhattacharya,s. 01-0445
bhatti,b m. 06-0211 07-0375
bhosrekar,m r 04-0204
bhunya,s. p 06-0077
bialkowski,zbigniew 08-0462 09-0547 09-0548
bianco,p. g. 12-0486
bianu,eugen 06-0100
bicer,o 09-0241
bick,y a. e 12-0513
bickel,h 09-0195
bidlingmeyer,brian a. 03-0040
bidwell-porebska, krystyna 10-0234
bie,g de 05-0182
bieber-wlaschny, monika 12-0622
biedermann,gerlinde 11-0690
biedermann,h 04-0299
bieguszewski,henryk 08-0449 09-0546
bielak,franciszek 01-0198 01-0199 03-0175
bielefeldt,u 07-0315 08-0092
bielinska,halina 04-0428
bielinska,krystyna 04-0427 04-0428 04-0429
bielinski,kazimierz 04-0427 04-0428 04-0429 10-0397
biellier,h v 12-0441
bielorai,rachel 11-0036
bieman,hans den 11-0588
biemann,j. 12-0219
bienfait,j. m. 06-0162
bieniarz,k. 09-0444
bieniarz,krzysztof 05-0406
biermann,k. 04-0564
biester,erich 11-0452
bigaraev,t. s. 04-0240
biggers,john d 03-0111
bignami,s. 11-0631
bijl,jan p 06-0066
bikarov,n. g 04-0139
bikawa,t. 08-0224
bikht,r 02-0396
bil,boguslaw 08-0451
bilio,martin 02-0403 08-0387
billard,r 04-0548 08-0369 09-0444 09-0447
billard,roland 09-0480
billova,vera 06-0072
bilton,h t. 01-0472
bilton,r j. 04-0697
bilyk,t. i. 07-0406 09-0464
binder,c 04-0150
binder,s. 03-0190
bines,j. a. 07-0177 12-0244
binkowski,fred p. 07-0439
binnerts,w t. 02-0041 02-0052
bires,jozef 01-0034
birjukov,l v 02-0030
birkett,l 07-0597
birshtejjn,v ja. 12-0509
birtwell,i. k. 07-0602
bisalsky,a. j. 07-0352
bischoff,amalie ilse-maria 12-0713
bishop,i. 11-0615
bister,j.-l 06-0176
bisultanov,r a. 02-0226
bitekhnina,v 10-0534
bitterlich,g 02-0428
bittorf,detlef 12-0406
bizzozero,spartaco a. 05-0041
bjoerck,i. 01-0119
bjoerklund,h 06-0380
bjoernsen,peter koefoed 11-0496
blacha,jozef 02-0082
black,lisa b 10-0113
black,robert r 10-0109
black,robin m 02-0093
blackett,roger f 06-0365
blagova,s 07-0322
blaho,rudolf 11-0176

blaho,rudolf 11-0207
blain,daniele 05-0495
blake,g. 03-0386
blake,robert w 12-0174
blakeborough,peter 08-0038
blakely,james 04-0082
blanc,j. m 01-0437
blanc,jean marie 12-0639
blanca,s. 08-0001
blanco,jose l 06-0065
blankenbeckler,w d 05-0454
blaxhall,p. c 06-0244
blazek,stanislav 01-0246
blazka,p. 02-0449
blazkova,s. 02-0536
blendl,h m. 02-0305
blesbois,elizabeth 09-0080
bleta,vehib 05-0158
blight,g w 05-0021
blinov,v i. 01-0024
blinova,v 10-0513
block,elliot 09-0217 12-0309
bloesch,juerg 01-0496 01-0497
blomstedt,leena 07-0607
blu,b 02-0629
bluethgen,a. 12-0107
blume,h -j. 12-0656
blume,h -w 03-0408
blumenkrantz,nelly 07-0607
blumenthal,a. 05-0376
blunt,b. r 01-0558
bninska,maria 07-0486 07-0489 07-0490
bo-zen,sun 09-0512
bobek,m. 08-0428
bobek,stanislaw 10-0208
bobeth,harald 09-0572
bobrova,ju. p 09-0499
bobylev,a. 11-0402
boccignone,m. 01-0560
bocharov,v m. 10-0594
bocharova,m. i. 02-0265 10-0119 10-0154 12-0120 12-0345
bochno,roman 01-0410 09-0367 12-0455
bockisch,f 04-0374
bocquier,f 04-0261
bod"a,koloman 02-0208
boda,k. 03-0099 05-0215
bodareu,n. 02-0422
bodnar,a. b. 06-0196 07-0279
bodrogi,l. 07-0063
bodrova,v m. 04-0081
boe,bjarne 09-0509
boecklen,e 01-0092
boegre,j. 04-0425
boehm,k. h 01-0604
boehm,reinhard 01-0356
boehme,e 09-0296
boehme,h 04-0099
boehme,hartwig 03-0274
boehncke,engelhard (hrsg.) 01-0094
boekel,m. a j. s. van 12-0082
boelter,ulrike 07-0095
boensch,j. 08-0279
boer,g de 04-0101 10-0006
boer,h 12-0411
boer,w de 11-0164
boer jwema,s. 08-0163
boetius,inhe 03-0334
boetius,jan 03-0334 03-0363 03-0364 03-0366
boettcher,i 01-0256 04-0276
boettcher,u 04-0560
boettger,holly 08-0090
boeva,t. 10-0505
boeva,t. m. 12-0593 12-0594
bogatova,i 10-0515
bogatova,i. b 08-0364
bogatova,o. 01-0393 08-0278
bogatyreva,v m 10-0536
bogdanov,n i. 01-0524
bogdanov,s. 08-0488
bogdanovich,n i. 12-0329
bogdzinska,maria 03-0207
bogeruk,a. k. 09-0499
boggio,steven m. 01-0561
bognar,antal e 08-0108
bogomolov,a. p. 10-0591
bogomolov,v v 04-0081
bogomolova,r 07-0394
boguckaja,n g. 09-0411
bohl,m. 04-0452 08-0287
bohl,martin 08-0293 12-0567
bohle-carbonell,m. 01-0500
bohlin,torgny 11-0445
bohnenkemper,oskar 11-0344
bohorov,o. 04-0020
boikova,o s. 01-0467 01-0518
boila,r j. 07-0193 10-0254
boileau,m g 01-0457
boivka,t. t. 01-0204
bojarskijj,l 06-0152
bojczuk,henryk 02-0239
bojjchev,georgi 06-0206
bojjko,i. a. 07-0181
bojjko,i. i 11-0118
bojjnovich,m. m. 04-0144
bokori,j. 03-0268 05-0493
bokov,e v 03-0143 03-0146
boland,m p 02-0640 03-0589 06-0463
bolder,n m. 07-0352
boldt,e 11-0232
boldt,ernst 12-0279
bolduan,g. 02-0325 03-0270 04-0356 05-0003 05-0181 07-0271 09-0290 11-0339 12-0416
bolet,g. 10-0313
boley,n p 10-0093
bolink,a. h 10-0226
bolobuev,v p. 12-0405
bolonin,a. 06-0152
bolotina,n n 03-0194
bolt,d j. 12-0800
boltjanskijj,a. i. 05-0063
bolton,j. p 10-0526
boltz,jeffrey m. 07-0415
bolupaev,b. i 06-0248
bonacina,carla 11-0494
bonaiti,b. 05-0089
bonany,j. 02-0307
bonar,alina 12-0568 12-0569 12-0570 12-0571 12-0572
bonczar,zbigniew 09-0370
bondar",a. a. 10-0141
bondar",v n. 10-0651
bondarenko,ju. v 09-0312
bondarenko,l g. 12-0646
bondarev,eh 02-0382
bondarev,eh i. 04-0417
bondari,k. 02-0508 05-0408 07-0291
bondari,khorsand 01-0286
bondurant,r h 03-0578
bone,w r 02-0649
bongers,l j. g. m. 07-0104
bonitz,w 05-0212 06-0209 06-0210 07-0323
bonneau,m. 02-0330 06-0188 10-0305
bonnemaire,j. 01-0184 02-0192
bonomi,giuliano 11-0494
boon,j. b. 11-0584
boon,j. h 10-0543
boon,p. j. 05-0349
boor,k j. 06-0180
borawska,krystyna 10-0181
borbat,a e 07-0485
bordner,clark e 06-0330
bordun,g. v 02-0204
borell,e 02-0119
boretzky,w 08-0357
borghese,a. 12-0303
borgmann,e 07-0102
bories,georges 11-0076
borisenko,e 01-0203
borisenko,eh. n 03-0167 08-0117
borishhuk,a. m. 02-0166
borisikhin,a. 07-0388 07-0391 12-0458 12-0459
borisikhina,a. 03-0314
borisjuk,a. b. 07-0535
borisov,v m. 03-0073
borisova,e m. 04-0387
borisova,m m. 12-0712
borisova,m. n 03-0498
borisovec,e eh. 09-0412
borisovec,k. f 11-0159
borka,g. 04-0244
borkori,j. 07-0290
borkowska,danuta 09-0182
borkum,v 08-0207
borkum,v z 04-0278
borneck,r 11-0669
borowiec,franciszek 12-0337 12-0338
borozdin,eh. k. 11-0165
borsi,j. 07-0242
bortnik,a. f 07-0536
bortnikova,d kh. 06-0088
boryczko,zdzislaw 08-0082
borzakov,v n 07-0069 11-0092
borzemska,wanda 09-0327 11-0362
borzenko,m. a. 09-0314
bos,frieda 10-0345
bosch,francisco 09-0025
bosch,m. 07-0104
bosch,m. w 12-0411
boshouwers,f m.g. 04-0421
bosma,a. a. 09-0166
botezat,v a. 02-0516
bothmer,g. von 02-0225
bothwell,max l 04-0523
botteschi,giuseppe 01-0064
boucherle,mary 03-0385
boucourt,r 02-0323
boucque,ch v 06-0159
boufford,charles e 06-0057
bouix,georges 01-0613
bounias,michel 02-0596
bouquet,y 12-0360
bourdier,gilles 03-0390
bousquet,d 01-0679 05-0527 12-0794
boustead,n c. 03-0332
boutibonnes,p. 10-0104
bouvet,y 07-0423
bouyssou,th 01-0010 08-0468
bovendeur,j. 10-0540
bovenhuis,h 12-0168
bowden,brian k. 10-0068
bower,peter m. 05-0352
bowers,e j. 01-0067
bowers,j. 09-0623
bowlby,james n 03-0399
bowling,ann t. 04-0648
bowmaker,j. k. 01-0424
bowman,malcolm c. 10-0110
bowman,p. j. 05-0164
bowser,carl j. 07-0454
bowyer,b. l 10-0375
boxtel,h. l. van 04-0063 12-0350
boyczuk,barbara 02-0239
boyd,claude e 04-0583 06-0390
boyd,r d 01-0309
boyle,john a. 04-0463
bozhko,v p. 06-0038
bozo,s. 07-0175 07-0186 07-0215
bozo,sandor 09-0155
braastad,b. o. 10-0391 11-0643
brabander,d l de 06-0108
brabrand,aa. 04-0530 11-0495
brachet,patrick 08-0027
brackett,b. g. 06-0091
brackmann,m. 05-0086 07-0135
bradbear,nicola 12-0772
bradbury,j p. 11-0485
bradbury steven p. 03-0507
brade,e 02-0159 12-0202
brade,edwin 06-0136
brade,w 06-0216 07-0151
brade,wilfried 04-0154 06-0136 11-0186

bradford,marie e 10-0431
braennaes,eva 08-0294 12-0519
braeuer,u. 05-0404
brah,g s. 09-0311 09-0321 11-0366
brahmstaedt 12-0206
brammall,margaret l 06-0001
branch,r a. 01-0072
brandis,b. m. 01-0084
brandsch,heinz 01-0633 03-0526 03-0527 04-0377 11-0653
brandt,h 12-0375 12-0380
brandt,m. 05-0129 07-0195 08-0003
brandt,p. t. 05-0320
branovska,m. 03-0022
branscheid,p 07-0266
branscheid,w 04-0314 04-0315 07-0265 09-0281 11-0315
bras,suzette le 12-0682
brassard,p. 04-0686
brauer,martin 01-0503
braun,eberhard 11-0493
braun,j. 06-0469
braund,d g. 01-0202
braune,g. 07-0192
brauner,p. 12-0194
braunitzer,gerhard 07-0407
brauns,h j. 07-0659
bray,r a. 12-0707
bray,rodney a 03-0499
brazjunas,r 01-0149
brehma,angelika 11-0226
breier,b h 12-0221
breitbart,haim 04-0089
breitenstein,k.-g 02-0142 02-0193 06-0129
breitfeld,klaus 08-0292
brelurut,a 03-0235 04-0261
brem,g. 03-0591 04-0693 09-0609 10-0669 12-0797
brem,gottfried 04-0692 12-0131
bremer,h 04-0561 04-0562 05-0312
bremner,i. 09-0209
bremner,ian 10-0046
brems,d n 10-0100
brenes,m a. 01-0062
brennan,j. j. 01-0306
brenner,t. 12-0573
brenner,tomas 02-0460
brenninkmeijer,c 06-0107
bres,m 05-0305
bretschko,j. 02-0606 03-0554 12-0773
bretschneider,armin 11-0309
bretschneider,jutta 09-0226
brett,j. r 07-0435
bretzlaff,k. n 01-0249
breuninger,e 12-0657
breves,g. 01-0001
brewer,a. c. 01-0339
brewer,n r 05-0023
bridges,c r 05-0273
brigham,heather e 10-0009
brill,j. 05-0505
brillard j. p. 07-0316
brilling,wilhelm 07-0171 12-0257
brindley,david n 11-0040
brinkman,u. a. th 12-0114
brinkmann,u. 01-0170 02-0202
brito,laysi 09-0320
britt,j. h 01-0673
britz,p j. 11-0582
broberg,ola 05-0313
brockmann,gudrun 11-0692
brockmann,u. 11-0226
broderick,g a. 06-0001
broderick,glen a. 09-0015
brodison,jane a. 10-0288
broeckl,a. 10-0164
broekaert,j. a. c 01-0063
broerskijj,a. v 05-0226 11-0108
brogan,james c 02-0071
bromage,niall 11-0542
broman,david b 11-0534
bromley,h j. 05-0314
bromley,p j. 12-0667
bronner,felix 11-0001
bronsch,k. 10-0066 12-0040
bronskaja,a. v 07-0191
bronskijj,v i. 09-0161
broom,d m. 10-0145
brose,u. 08-0122
brosh,a 10-0289
brotherstone,susan 04-0156 12-0228
broucek,jan 11-0258 12-0316
brouchek,ja. 05-0092
brousseau,ch 12-0575
brower,dorothy p 11-0056
brown,a v 10-0456
brown,alex j. 07-0053
brown,d l 06-0180
brown,donald w 05-0427
brown,e a. r 12-0728
brown,george g 07-0521
brown,j. 06-0091
brown,karen l. 03-0357
brown,l a. 07-0411
brown,m. a. 02-0597
brown,m. b 09-0614
brown,m. w 05-0279
brown,paul b. 11-0569
brown,r w 09-0613
brown,robert l 06-0073
brown,s. b 01-0460
brown,scott b. 07-0596
brown,steven n 07-0241
brown,t. g. 07-0426
broz,j. 12-0404
brozova,v 02-0083 04-0603
bruchem,j. van 07-0104
bruckental,i. 07-0212
bruder,a. 09-0575
brueckner,g. 08-0085
brueckner,h 12-0297
brueggemeier,ute 07-0172
bruel,laurence 09-0277
bruenger,axel t. 07-0057
bruessow,k.-p 07-0655 07-0658
bruguera,pau 11-0044 11-0071
brujj,g n 09-0476
brulla,william j. 06-0012
bruma,i. kh 02-0461 02-0545
brunink,a. m. 10-0538
brunken,h 09-0429
brunken,heiko 08-0346
bruno,d w 05-0441 05-0445
bruns,e 12-0746
brussock,p. p 10-0456
brutgans,ja. p 10-0297
bryant,m j. 01-0122
bryckov,v 11-0374
brylinska,maria 07-0404
brzoska,franciszek 03-0095
brzostowski,henryk 03-0231
brzozowski,adam 05-0109
brzozowski,marian 04-0634 08-0465
brzozowski,piotr 03-0114
brzuska,elzbieta 05-0370
brzuski,pawel 08-0147 08-0149
brzuzan,pawel 07-0534
bubenik,w 09-0070
bubinas,a. 11-0458 11-0459
buchan,vivien 04-0007
buchanan,robert l 06-0068
buchberger,j. 01-0173 04-0180 10-0220
buchholz,h 01-0071
buchmann,kurt 02-0557 02-0559
buchta,s. 05-0172
buck,d homer 08-0324
buckingham,todd 08-0090
buckley,sandra 10-0103
buckley,w t. 11-0230
bucko,michal 01-0034
buckthal,david j. 09-0036
buco,steven m. 03-0538 06-0419
buczek,j. 09-0518
bud,i 04-0194 11-0177
budathoki,kedar 05-0507
buddington,r k. 11-0434
buddington,randal k. 02-0412
budihna,natalija 04-0469 05-0311
budnikov,v a. 11-0051 11-0227
buegener,b 03-0275 05-0176 07-0295
buehler,r 03-0242
buehlmann,georges 06-0422 08-0475 08-0476
buenger,l 01-0665 09-0591
buenger,u 03-0076 03-0087
buenger,uwe 08-0214
buenger beate 08-0214
buergin,h 10-0613
buerkle,k. 10-0665
bueskes-schulz,brigitte 01-0653 02-0604
buesser,peter 04-0494
buether,h 01-0594 12-0680
buettiker,bernard 04-0506 12-0529
bugaev,v f 06-0290 09-0423
bugdol,g. 01-0343 02-0086
bugl-kreickmann, gabriele 03-0061
bugrov,a 06-0124
bugrov,l ju. 08-0439
bui,mai h 10-0092
buiting,g a j. 01-0285 10-0307
bujalska,aniela 11-0119
bujjnaja,p n 09-0220 12-0198
bukarov,n g 08-0127 11-0682
bukataru,n n 06-0119
bukharinov v i 10-0522
bukhovec,l d 12-0583 12-0716
bul"on,v v 12-0463
bulachev,v n. 12-0218
bulaj,miranda 01-0096
bulatov,a. p. 02-0227 03-0185 12-0305
bulatov,ju 02-0369
bulek,izabela 08-0147
buliga,v f 09-0553
bulla,j. 10-0124
bullock,a. m. 05-0479 12-0486
bumstead,n 11-0091
bunch,t. d 10-0647
bunton,t. e 12-0720
buonocomo,frances c. 12-0054
buonomo,f c. 12-0233
bur,h 03-0039
buraczewska,l. 04-0099
burczynski,janusz j. 04-0473
burenbajar,r 02-0154
burenkov,p t. 03-0299
burggren,warren w 12-0476
burgkart,m 01-0104 02-0246 07-0226
burgstaller,g 01-0187 01-0341
burguete,i. 08-0063 12-0349
burgwal,j. a. van de 02-0116
burich,k. 10-0665
burkat,v p 03-0106 11-0182
burke,john s 08-0384
burke,w h 01-0046
burkova,l m. 02-0010
burlachenko,i. v 12-0665
burlakov,a. b 09-0500 12-0653
burmeister,klaus-joachim 06-0241
burnell,t. w 11-0320
burnol,anne-francoise 08-0016
burns,m. a. 02-0595
burnside,e b 03-0125 08-0146
burny,a 05-0026
buron,g 10-0335
burov,v g 03-0201 10-0263
burova,g. a 03-0201 10-0263
burrow,g n 04-0068
burton,r n 04-0236
busch,robert a. 02-0492
busch,w 09-0078 09-0215 09-0610
busch,walter 11-0178
buss,gundula 02-0193
busse,f -w 02-0337
bussiere,j. 08-0087

bustany,alhair 04-0402
bustany,zuhair al 09-0337 12-0445
butler,ines von 12-0742
butler,l g 01-0115 03-0233 11-0291
butler,s. a. 09-0524
butrov,e v 06-0061
butterfield,r m 07-0240
butterry,p. j. 11-0225
butterwith,s. c 07-0319
buttery,i 03-0012
buttery,p j. 04-0020 04-0022 07-0006 12-0061
buttiker,bernard 03-0353
buvanendran,v 02-0622
buzan,v 04-0194
buzik,r b 11-0039 11-0235
buzu,i. a. 12-0329
bye,victor j. 02-0491
bykovchenko,ju g 10-0172 10-0189
bylund,g 06-0380
byrne,s. 04-0041
byzgu,s e 02-0544
bzowska,maria 10-0318
cabezas,buenaventura 05-0414
cabre,francesco 11-0069
cabrera,antonio lopez 11-0044
cabulea,i. 06-0063
caculin,v g. 02-0274 03-0192
cade,christina 04-0034
cadenhead,a. 03-0020 10-0012 10-0014 10-0015
cahill,l. p 03-0292 10-0262
cai,qing-hua 11-0457
cairns jun ,john 09-0515
cairo, j. 08-0067
caklovica,f 02-0586
cala,p. 12-0475
calitis,a. a. 09-0142
callard,i. p 12-0652
callens,l 11-0271
callesen,h 04-0683 05-0525 10-0640 10-0648 12-0790
callesen,henrik 02-0628
calmano,w 06-0353
calus,a. c. 11-0271
calvelo,a. 08-0107
cameron,a. w n 01-0235 05-0146
cameron,n d. 12-0387
cameron,r d a. 10-0128
campbell,iain d 04-0062
campbell,n e r 08-0394
campbell,r g. 01-0330 11-0121
campo,c b del 05-0555
campo,m. r del 05-0555
campos,m. s. 06-0031
campos, milton, santes de 01-0614
campton,donald e 07-0427
canadell,j. 03-0566 03-0567
canario,a. v m 12-0520
canart,b 12-0139
candau,m 01-0010 02-0589
canela,e i. 11-0071
canela,enric i 11-0044 11-0069
cankov,canko 01-0631
canseco,r s. 09-0598
cantley t c 10-0306
capblancq,j. 05-0325
capenko,l a 12-0247
capistrak,a. 02-0248 04-0238
capley,g. 11-0616
capy,c 09-0124
caral,j 09-0593
carbone,p. 12-0508
carcia,h 10-0337
carcia,j. m 11-0166
cardellini,p. 06-0260
cardellling-stercken,r 09-0064
cardot,philippe 11-0041
carefoot,w c. 03-0282 07-0309
carefoot,w c. 03-0283
carew,l b. 10-0020
carey,j. b 10-0394 12-0440
carini,franca 01-0064
carini,g. 01-0562
caritez,j. c. 07-0247
carley,c. michael 09-0053
carline,robert f 08-0313
carlson,dave 03-0536
carmanns.m 06-0150
carmanns,r 05-0119 12-0306
carmanns,richard 07-0210
carmichael,gary j. 03-0360 03-0361
carmichael,r a. 02-0649
carney,heath j. 11-0489
carou,n 11-0170
carpenter,s. r 05-0317
carr,j. r 01-0311
carr,john e 04-0485
carr,marilynn g 04-0485
carre,b 07-0347
carrillo,o 04-0342
carrington,janet m. 08-0015
carriquiry,alicia l 12-0130
carruthers,t. d 02-0626
carson,r s 12-0784
carter,a. h 02-0168
carter,j. c h 06-0306
carter,n b 04-0384
carteron,a. 03-0551
carton,b 11-0271
carvalho,m r de 10-0204
carver,r 12-0460
casanova,l 04-0142
casillas,edmundo 05-0390
caspar,r 03-0520
cassou,b 02-0631
castaing,j. 08-0218 08-0219 08-0220 08-0221 08-0241
casteing,j. 08-0217
castillo,e 10-0249
castro,m. 04-0355
castronuovo, giuseppina 07-0051
catacutan,mae r 05-0409
catalano,e 12-0508
cataldi,e 05-0259
cataudella,s. 05-0259
cato,e p 06-0014
cattaneo,antonella 07-0460
cattel,b c 11-0584
cauvin,e 11-0454
cavojsky,valent 09-0578
cech jun ,joseph j. 09-0494
cenkova,jjovka 05-0155 05-0157 09-0245
cepeteli,p. 09-0083
cepkin,e a. 02-0415 06-0265
cepon,m 02-0181
ceresnakova,z 03-0091 03-0092
cermak,bohuslav 11-0093
cerny,m. 06-0183
cersovsky,h 03-0149
cha,chung-ja m. 10-0138
chabaev,m. 02-0361
chacinska,krystyna 09-0172 09-0189
chakrabarti,dilip k. 02-0094
challis,j. r g. 01-0290 04-0305
chalmers,c 09-0063
chalupa,w 09-0219
chambaz,jean 11-0041
chamberlain,a. g. 09-0350
chamberlain,david g. 03-0068
chambers,j. 12-0498
champigneulle,a. 04-0470
chandler,j. e 08-0081
chandra,h. 07-0553
chang,b d 01-0446
chang,h l 12-0390
chang,s. l 12-0651
chang,william y b 12-0663
chanzov,s. 08-0249
chao,nai-hsien 05-0407
chao,wei-chung 05-0407
chapin,robert e 06-0064
chapman,d w 03-0480
chapoutot,p 11-0214
chappell,l h 01-0615
charlemagne,j. 12-0693
charles-edwards,d a. 10-0250
charlon,nicole 01-0545
charmley,e 08-0068
chartrain,i. 12-0118
charyev,a 04-0388
charyjev,a. 02-0355
chashhin,ja. t. 06-0425
chaudhary,m. l 09-0311 11-0366
chausov,n k. 06-0043
chauvin,remy 02-0596
chavaz,j. 03-0157
chaves des neves,h.j. 03-0038
chavez,e r 02-0290
chawla,parveen 09-0397
chazal,marie-paule 06-0143 06-0144
chebotar",g 07-0382
chechun,t. ja. 03-0428
chekalova,t. m. 09-0549
chelekpaev,a. d 02-0137
chemineau,p. 08-0185
chemm,l. v 09-0142
chen,b x 07-0050
chen,g 10-0001 10-0005 11-0011
chen,shih-ling y 06-0075
chen,y 01-0138
cheng,h j. 12-0651
cheng,k. 07-0626
cheng,pi-wan 11-0062
cheprasov,v d 06-0402
chepurnova,l. v 02-0418
cherepanov,g. g 01-0017 02-0079
cherkashhenko,v i. 10-0168
cherkezov,nikolajj 12-0276
chernaja,m. i. 08-0099 10-0331
chernikov,g. b 05-0198 05-0207
chernitsky,a. g 04-0553
chernjaev,zh a. 09-0404
chernobajj,v a. 06-0038
chernoff,barry 08-0311
chernova,v n 12-0033
chernushenko,v k. 09-0116 09-0151
chernyjj,s. g. 11-0329
chernyjj,v 08-0205
chernykh,v ja. 11-0307
cherr,g. n 01-0581
chertkov,d d 06-0189
cheshmedzhiev,bojan 11-0049
cheshmedzhieva, svidna 06-0027 06-0028 06-0029
chesnais,j. p. 12-0161
chesne,p 03-0590 05-0539 05-0543 05-0545
chesnokov,a. m. 05-0056
chestnutt,d m b 07-0209
chevalet,c 01-0649 09-0576
chevassus,bernard 12-0639
chiang,h c 04-0629
chiasson,r b 09-0092
chiba,kenzo 03-0019
chikhachev,a. 10-0479
chikov,a. 11-0298
chilliard,yves 06-0143 06-0144
chilton,d e 01-0472
chiodera,a. 11-0622
chirak,a. 07-0619 09-0563
chirkov,f f 09-0118
chisu,iuliana 12-0045
chmielewski,marek 05-0516
choe,il-shin 12-0080
choi,j. h. 02-0374
choinski,elizabeth m. 03-0396
cholak,g g 02-0418
cholewa,ryszard 08-0457 08-0458
chong,j. k 07-0239
chorik,f p. 02-0461
choshniak,i. 10-0289
chotinski,dimitahr 11-0361
choubert,g. 04-0545 11-0544
chrappa. v 05-0215
chrastova,vladimira 01-0120
chrenek,jozef 01-0154 11-0205 11-0218 11-0221
chrenkova,m. 03-0091 03-0092

christen,r 09-0447
christen,richard 09-0480
christensen,d a. 05-0008
christensen,flemming 02-0628
christensen,h r 02-0149
christensen,kirsten 04-0010
christensen,l g. 12-0798
christensen,niels juel 10-0411
christiansen,ib 07-0610
christiansen,m. p 04-0119
christie,k. e 12-0696
christie,william w 03-0052 06-0145
christoffersen,kirsten 11-0511
christopherson,r j. 02-0199
chrost,ryszard j. 11-0488
chu,fun sun 10-0106
chuapoehuk,wiang 10-0542
chubb,j. c 12-0708
chuda-mickiewicz, barbara 04-0663
chuda-mickiewicz, bozena 04-0662
chudoba-drozdowska, bozena 03-0524
chudy,a. 02-0201 05-0075
chudy,arthur 11-0130
chudyba,henryk 12-0540
chugajj,b l 01-0216 10-0169
chujj,r f 12-0198
chujjkov,v a 06-0076
chukur,v m. 06-0111
chumachenko,s. p. 03-0187
chung,haingsub 10-0042
chunikhin,a. v 07-0179
chupin,d 02-0634 03-0590 05-0539 06-0446 09-0602
churajj,v a. 07-0126
church,t. l 10-0203
chutaeva,a. 10-0502
chvanova,o. 07-0313
chwalibog,a. 01-0325
chwallibog,a. 04-0106
ciammarughi,r 11-0622
cibotti,ricardo 01-0689
cieciak,fryderyka 08-0467 08-0469
ciepielewski,wladyslaw 07-0482
cieslar,pawel 09-0178
cihpov"jaz,n v 06-0128
cilujjko,g a. 05-0097
cincotta,a. h 03-0574
cinq-mars,dany 02-0319
cirino,m 04-0070
cirul"skaja,z. i 12-0542 12-0558
cjupko,v v 05-0004 10-0235 11-0126
claiborne,j. b. 01-0427
clair,t. a. 08-0345
clandinin,michael t. 02-0017
clanton,c. 12-0426
clapperton,john l. 06-0145
clark,a. john 06-0442
clark,j. 10-0416
clark,j. h 10-0003 10-0245
clark,r g 01-0042
clark jun ,w d 12-0004
clark jun ,w h 01-0581
clarke,raymond j. 02-0093
clarke,w c 03-0446 10-0529
clarke,w craig 11-0541
clasen,j. 07-0550 12-0573
classen,h g. 11-0086
claude,c 05-0140
clay,clarence s. 07-0495
clayton,jill 06-0170
cleeman-mitchell,tove 07-0610
cleland,glenn b 07-0566
clemmesen,catriona m. 06-0348
cleveland,e r 07-0291
cleveland,laverne 03-0509
cleveland,thomas e 06-0067 11-0079
clever,charlotte 12-0141
clichici,maria 10-0582
clifford,patricia 06-0366
clifton-hadley,r s. 12-0698
close,w h 04-0343
clouser,c s. 10-0673
clunies,m. 10-0364
coates,david 09-0383
coates,marie e 04-0394
coats,joel r 03-0507
cocheva,katja 05-0195
cochran,roger c. 05-0417
cochrane,k. l 02-0464 03-0356 10-0430
cockburn,j. e 08-0156
cockrem,f r m. 07-0189
cocoli,idajet 01-0096
coe,p. h 07-0651
coelho,j. f s. 02-0256
coelho,luiz sergio sobreiro 12-0147
coelho,luiz sergio sobreira 12-0391 12-0407 12-0408 12-0409 12-0410
coenen,j. 02-0189
coenen,m. 12-0751
coffey,e m. 10-0178
cognie,y 01-0685 05-0545
cohen,andrew s. 01-0508
cohen,i. c. 10-0071
cohen,r d h 04-0162
cohen,steven a. 03-0040
cohick,w s. 12-0230
coillie,r van 12-0681
cojj,v 03-0308 07-0378
colas,g. 01-0685 05-0545
cole,d j. a. 01-0397 04-0292 05-0179 07-0284
coleman,d a. 06-0448
coleman,g. 07-0573
coleman,geoffrey 06-0370
coleman,m. 05-0207
coleman,m. a. 02-0348
coleman,marilyn a. 05-0203
coleman,w 11-0334
coles,leeanne s. 09-0019
colin,m e 01-0690
collett,t. s. 07-0626
collie,n l 10-0526
collins,a. m. 02-0597
collins,anita m. 03-0537
collins,jimmy h 10-0099
colomer-rocher,f 06-0470
colorni,a. 04-0608
colt,john 11-0636
colwell,r k. 10-0093
colyer,tracey e 04-0463
comes,f 02-0589
commichau,conrad 03-0061
confer,john l 01-0535
congdon,p 04-0271
conley,h h 10-0655
connell,alexmary 04-0007
connes,r 05-0480
connolly,j. 06-0157
conrad,h r 10-0053
constantinescu,d 11-0677
conti,amedeo 04-0045
conti,amedeo 06-0054 07-0043
cook,h 02-0513
cook,j. k. a. 10-0366
cook,m. e 04-0413
cook,r m. 02-0198
cook,robert b 07-0454
cooke,r g 06-0181
cookson,e j. 07-0028
coombe,j. b. 12-0343
cooney,s. j. 06-0090
cooper,b. s. 10-0655
coppen,d e 08-0037
coppock,c. e 10-0244 12-0284
corlett,i. k 07-0236
cornelisse,c. 03-0029
cornelius,s. g. 01-0077 01-0331
cornett,r j. 01-0530 07-0453
cornuet,j. m. 09-0576
cornuet,j. m 01-0649
cornwell,julie k. 01-0018
corradini,l 11-0631
correia,j. h r d. 04-0020
corring,t. 04-0028
corven,emile j. j. m. van 01-0043
coryn,m. 05-0532 10-0634 10-0639
cosic,h 08-0198
cossins,andrew r 12-0604
cosson,richard p. 12-0682
costa,a. m. 12-0409
costa,p m. a. 12-0147 12-0391 12-0407 12-0410 12-0414
costa,paulo melgaco a. 12-0408
costa de oliveira,a. 02-0008
cotinot,c 06-0453
coto,g. 04-0100 04-0195 07-0016 07-0037
cottyn,b g. 06-0082 06-0084 06-0108
coudert,p. 02-0587
coudure,r 08-0218 08-0220 08-0241
coulon,j. b. 06-0144 09-0213 11-0256
coulter,g. h 02-0177
cousins,robert j. 10-0028
cowan,david p 07-0616
cowell,bruce c. 04-0590
cowen,peter 12-0786
cowey,c. b. 02-0495 05-0410
cowey,colin b. 09-0398
cox,dimity j. 06-0023
cox,judy h 12-0785
cox,r i. 08-0502
coyer,penny a. 07-0024
craft,neal 11-0053
craig,j. f 04-0472 08-0430
craig,w m. 12-0122
craik,j. c a. 03-0442
crane,e 07-0623
crapon caprona,m.-d. de 05-0283
crass,r a. 09-0006
cravedi,j.-p. 04-0545
crawford,catherine 10-0081 10-0082
crawford,robert 10-0061
crawshaw,m. t. 11-0627
cribiu,e. p. 11-0293
crivelli,a. j. 12-0516
crnojevic,z. 08-0175 08-0198
croessmann,g. 12-0099
croissant,richard d 04-0626
croker,k. p 05-0165 08-0502
cromarty,a. s. 10-0361
cromwell,g. l 11-0320 11-0325 11-0333 11-0336 11-0341 11-0342 11-0347 11-0350 11-0351 11-0352 12-0403 12-0413
cronin,g. m. 03-0276
crooker,b a. 10-0003 10-0245
crosby,t. f 02-0640
cross,c. c. 04-0044
crosse,s. 01-0192 01-0193 06-0158
croston,d 04-0245
crow,g. h 07-0167
crowder,l b. 08-0327
crowder,larry a. 09-0574
crowder,larry b. 07-0439
cruz,m. c. de la 10-0408
cruz,marcio e 11-0123
cruz,r 04-0195
cryer,a. 05-0279
cryer,martin 01-0473
csapo,j. 04-0127 04-0254 04-0254 07-0246
csapone,kiss, z. 04-0127
csapone kiss,z 07-0246
csato,l. 04-0317
csepregi,a. 04-0424
cses,s. 04-0697
csukly,j. 07-0183
cue,r i. 11-0195 12-0229
cuker,benjamin e 10-0442
cullis,b. r 02-0267
cummins,j. t. 10-0262

cummins,k. a. 12-0019
cunha,jovair liberio da 12-0414
cunjak,r. a. 03-0337
cunjak,richard a. 04-0486
cunningham,d l. 09-0095
cunningham,e p 03-0074
cup,v i. 04-0185
curran,m. k. 12-0358 12-0387
curran,sandra 01-0087 01-0088
currie,david j. 01-0490
currie,robert w 09-0570
currie,w b 10-0606
curson,b. 12-0076
curth,hermann 02-0600 02-0601
curtis lawrence r 08-0299
cvetkov,ju. v 12-0735
cvetkova,v a. 04-0037
cvetkova,veneta 10-0038
cyba,a. p. 11-0184
cyganova,g. v 11-0287
cygir,v v 06-0269
cymbaluk,n f 05-0008
cyrendondokov,n d. 03-0210
cyriaci,guenter 11-0251
cys",v i. 09-0150
czaja,hanna 03-0131 10-0197
czajkowska,d 05-0039 05-0082
czako,j. 03-0079
czaplicka,maria 09-0188 10-0170 10-0199 10-0213 10-0215 10-0218 11-0209
czarnecki,r 12-0374
czarnecki,roman 05-0175
czarniawska-zajac, stanislawa 11-0286
d" amelio,v 06-0345
d"abramo,louis r 04-0570
d"hour,p. 02-0222 09-0213 11-0256
d"jachenko,l. s. 02-0269 03-0228 08-0154
d"jakonov,ju. n 09-0449
dabfar,a. 07-0196
dabrowska,helena 05-0429
dabrowski,k. 03-0377 11-0549
dabrowski,konrad 01-0563 05-0391 05-0403 07-0523
dabrowski,konrad r 10-0530
dadashev,a. sh 09-0491
dadashov,t. ju. 03-0224
dafaee,f h al 01-0186
dafalla,e a. 10-0287
daft,james 09-0046
dafwang,i. i. 04-0413
dagorn,michele 10-0111
dahlborn,kristina 06-0182
dáiley,r a. 06-0448
dajjdalov,a. f 05-0062
dallinger,reinhard 06-0354
dam,a a. van 04-0574
damasio,l. 01-0560
damasio,m. 11-0305
damm. u. 01-0621
damman,hans 10-0345
dammerer,a. 04-0054
dammert,sylve 09-0012
danell,birgitta 12-0035
dangschat,h 01-0609
daniel,h. 08-0031
daniel,p 10-0067
daniel,peter f 08-0051
daniel,r ch 04-0072
daniel,ulrich 04-0223
danielak,barbara 02-0145 03-0331
danielsen,v 01-0325
danil"chenko,l i. 05-0114 11-0216 12-0252
danil"chenko,o. p. 12-0679
danilenko,t. p 12-0504
danilin,a. 08-0210
danilov,a. i. 08-0099
danilov,v n 05-0210
danilova,e 07-0044
danilova,e. i. 01-0023
danilova,o v 01-0362
danilowicz,krystyna 05-0429
danjulite,g. 11-0438 11-0440
danka,robert g. 01-0644
dankowski,alfred 03-0218
daoudi,a. 01-0649
daoulas,charalambos 02-0427
daozun,wang 07-0540
dapun,k. t. 12-0237
dardzhonov,trifon 12-0276
darroch,c. s. 04-0349
darschnik,siegfried 11-0504
darshan,n. 11-0412
darwish,nazek 11-0134
das,m. k. 08-0419
dascalu,al. 02-0386
dashkevich,p. 01-0261
date,kaoru 10-0579
dauta,a. 05-0347
davidek,j. 11-0066
davidoff,e b 08-0322
davidson,james s. 01-0047
davies,a. s. 01-0311
davies,b 02-0242
davies,bethan w 02-0408
davies,brian h 02-0408
davies,d a. 11-0289
davies,h lloyd 10-0271 10-0272
davies,j. 02-0078
davies,m. c g. 02-0242
davies,n t. 08-0037
davies,p e 12-0535
davies,ronald n 11-0630
davies,ronald w 07-0451 09-0521
davies-colley,r j. 03-0383
davis,carl l 06-0012
davis,donald w 07-0025
davis,kenneth b 03-0339
davis,m. e 10-0636 10-0637
davis,michael w 06-0326
davis,n d 06-0069
davis,s. r 12-0221
davis-van thienen,w a. 08-0026
davison,william 07-0475
davtjan,a. 05-0217
davydenko,v k. 05-0062
davydov,o 10-0565
davydov,o. n 07-0580 12-0714
davydov,v n 05-0102
davydova,z. a. 11-0169
dawes,bruce c.j. 04-0518
dawes,clinton j. 04-0590
dawson,j. m. 03-0012
dawson,k. a. 04-0250
day,a. m. 08-0131
day,b n 10-0306
de boever,j. l 06-0082 06-0083 06-0084
de brabander,d l. 06-0082 06-0083 06-0084 06-0159
deacon,james e 05-0467
deb,f d 08-0020
debbagh,m. n 11-0012
debeljak,ljubica 04-0492
debowes,richard m. 12-0785
debras,e 03-0015
debruyne,r 11-0104
debus,lutz 11-0453 11-0471
dechamps,p 12-0139
decking,josef 07-0150
decosta,john 11-0498
decuypere,e 09-0092 09-0323 10-0359
decuypere,j. a. 04-0102
dedina,b 06-0459
dedov,m. d 09-0154
deeks,josephine r 11-0048
deelstra,hendrik 03-0050
deeming,d c 07-0311 07-0328
defibaugh,phillip w 06-0060
defoliart,gene r 12-0041
degani,gad 03-0449 06-0332 11-0560
degrjar",i. 02-0392
degtjarenko,l p 10-0239
dehareng,d 08-0017
deinum,b 04-0104
dekeyser,diana a. 06-0066
dekker,w 03-0454
delaplane,keith s 03-0542
deleeuw,r 11-0579
delepine,bernhard 10-0111
delfinado-baker,m. 04-0671
delgado,a. 08-0157
deligne,f 09-0284
delikator,b 12-0374
della-fera,mary anne 12-0054
dellefors,claes 11-0445
dellow,d 11-0019
deloach,john r. 10-0103
delorme,l d 01-0532
delous,g. 04-0545
delpech,p. 12-0456
deluga,h f 01-0379
dem"janchuk,g. 02-0095 07-0329
dema,atif 04-0224
demarta,antonella 02-0552
dembinski,wiktor 04-0627 07-0605
demchenko,b. i. 12-0653
demchenko,i. 10-0508
demigne,christian 10-0031
demin,s. p 10-0482
demme,h 08-0071
dempfle,l 06-0322
dempfle,leo 11-0648
dempster,everett r 12-0119
dempwolf,m. 07-0082
denbow,c. j. 09-0598
deneke,j. 10-0224
denis,b. 02-0114
denisenko,v p 06-0043
denisevic,n pustin 0?-0203
denisov,v 06-0193
denner,larry a. 01-0053
dentine,m r 09-0147
depeche,j. 03-0425
depeters,e j 10-0243
depezay,melles 05-0067
deresz,f 10-0204
dergach,v i. 08-0154
derucke,g 11-0285
dervisevic,a. 09-0269
dervjanov,v n 12-0310
derycke,g 07-0119 11-0283 11-0290
deschuytere,antoinette 03-0050
desgres,jean 03-0041
desortova,b 05-0340
dethlefsen,v 01-0621 02-0537 02-0571 10-0585 12-0718
deufel,j. 01-0595 06-0385
deufel,josef 03-0397 08-0425 10-0552
deutsch,k. h 09-0260
deutscher,gene h 09-0597
dev,d s 09-0321
devauchelle,n 03-0468
devjatkin,a. i. 03-0170
devlin,t. j. 04-0008
dewald,daryll b 06-0055
dewhurst,r j. 08-0010 08-0102
dexter,stephen c 04-0624
dgebuadze,ju. ju. 09-0412
dhanoa,m. s 01-0240
diab,shaher 01-0554
dial,g d 01-0284
diallo,sambo 09-0125
diamond,jared m. 02-0412 04-0001
dias,p. 04-0586
diaz,ch. 04-0215
diaz,j. p. 05-0480
diaz,juana 08-0230 08-0231 11-0322
dicheva,lilija 02-0120 07-0092
dick,s. 07-0260
dickertmann,d. 06-0059
dickhoff,walton w 02-0502
dicks,jonathan m. 10-0075
dieges,f 01-0291 04-0306
diekmann,l 01-0177
dielemann,s. j. 05-0523 10-0642 11-0678
diemer,irmgard 03-0532

diener,u. l. 06-0069
diependaele,julien 03-0139
dierichs,g 12-0347
dierick,n a. 04-0102
diers,h 01-0162 10-0188 11-0158
diers,h 07-0159
dietl,gerhard 01-0665 04-0155 06-0129
dijkhuizen,a. a. 01-0267
dijkstra,m. 05-0130 11-0219
dilworth,a. w 01-0695
dimberg,kenth 05-0263
dimick,p s. 09-0219
dimitrov,emil 10-0277
dimitrov,georgi 06-0027 06-0028 06-0029 10-0038
dimitrov,ilija 02-0254 03-0209 03-0227
dimitrov,khristo 03-0487
dimitrov,todor 01-0251 02-0276
dimitrov,v p. 09-0319
dimitrova,s. p. 02-0521
dimov,jakim 01-0312 01-0313 10-0309 11-0312
dimov,vladimir 06-0035 10-0008
dimow,nikola 01-0225 02-0275
dinar,m. ali 05-0524
dingeldein,j. 02-0291
dini,m. l. 05-0317
diop,p e h 05-0527
diskin,m b 05-0542
diskin,m. g 05-0524 05-0531
distl,o 01-0166 03-0190
distler,jack j. 08-0054
ditroi,f 08-0133
dittrich,a. 07-0237
dittrich-proelss,iris 02-0381
dixon,d g 05-0477
dixon,p f 10-0561
djachuk,i. e 12-0504
djadichkina,l f 10-0399
djamgoz,m b. a. 01-0424
djiane,jean 01-0048
djura,peter 01-0054
djuric,g. 04-0514
dlugosz,miroslawa 01-0442 10-0419
dmitrieva,v i. 09-0115
dmitrovskijj,a. a. 07-0060
dobos,r c. 01-0197 05-0126
dobosz,stefan 05-0383 05-0384 07-0500
dobrai,l 03-0424 10-0463
dobrijanov,dimitahr 05-0195
dobroljubov,o. l 12-0732
dobrovolov,i s. 09-0413
dobrovolova,s. g. 09-0413
dobrowolski,j. w 02-0087
dobrynin,s. 11-0683
dobrzanski,zhigniew 09-0358
dobson,a. p 03-0501
dobson,hilary 02-0117
dochkova,bozhana k. 10-0609
dodson,julian j. 07-0412 08-0326
doegei,imre 09-0304
doerner,m. 04-0461 04-0488
doerr,e 11-0661
does,j. van der 03-0473
doeskeland,anne p. 09-0030
doeskeland,stein ove 09-0030
doeving,kjell b 09-0484
doggett,t. 06-0244
doggett,t. a. 12-0470
dogov,a. m. 11-0189
dohy,j. 04-0680
doil,g 12-0031
dolbeneva,e 07-0341 07-0342
dolbenjova,e 01-0380
dolezal,o 02-0230
dolezal,otmar 07-0091
dolf,chr 01-0108
dolgacheva,l p. 11-0031
dolgikh,v f 10-0492
dolgov,a. 04-0145
dolgova,m. s. 02-0026 02-0212
dolle,s 10-0043
dollerup,jens 03-0450
dolling,c h s. 09-0232
doltornjazov,i kh 12-0110
domagala,j. 05-0395
domagala,jozef 04-0551 07-0527 07-0528
domanchuk,v i 02-0468
dominguez,lucas 06-0065
domogatskijj,a. 10-0402 10-0403
domska,danuta 06-0160
don,j. 06-0340
donald,d b 04-0471
donald,g. e 10-0045
donaldson,edward m. 11-0594
donaldson,lloyd e 05-0521
donaldson,w e 10-0049
donchenko,n p. 03-0117
donchev,rajjko 01-0409 08-0280
doncul,n. a 08-0215
done,j. t. 03-0253
donkoh,a. 01-0405
donoghue,susan 02-0062
doolittle,d p. 09-0086 09-0087
doornenbal,h. 07-0269
dor,i. 05-0314
doreau,m 01-0636
dorn,w 07-0252 07-0254
dorofeed,v 11-0655
dorofeeva,n 11-0655
doronin,v 09-0123
doroshov,s. i. 11-0434
doroshov,serge i. 09-0494
doroszcyk,lech 07-0605
dorotjuk,e 12-0160
dorotjuk,e m. 09-0139
dorozhkin,v n 01-0049
dorst,sheila van 02-0051
dorynek,zbigniew 10-0182
dost,g 06-0117
dotimas,e m 07-0632
douaire,m. 02-0115
doucet,p. g. 12-0534
doumbouya,a. 11-0064 11-0065
dourmad,j. y 08-0233
dove,h 12-0343
dovichi,norman j. 10-0076
downey,b r 01-0684 12-0364
downey,g 04-0041
downey,gerard 02-0071
downing,j. e g 01-0424
doyle,c j. 08-0151
doyle,r w 02-0522
doyle,roger w 02-0519 02-0524
dragan,n 11-0370
draganov,i. 10-0587 10-0588
draganov,i. f 02-0463
dragnev,khristo 01-0226 02-0120 02-0243 07-0092
dragoev,pencho 04-0281 06-0193 08-0239 10-0338
drahndarski,ivan 05-0195
drebickas,v 02-0084
dreihsig,k. 02-0320 02-0333 03-0254 12-0424
drenner,ray w 01-0465 03-0372
drescher,w 02-0607
drescher,w 05-0518 05-0519
dresenkamp,barbara 01-0610
dress,dieter 01-0630
drews,rudolf 02-0436
dreyer,stephan 12-0661
driancourt,m. a. 06-0464
driescher,hans 04-0251
dripa,a. n 11-0163
droba,boguslaw 02-0345
droba,maria 02-0345
drobig,m. 09-0258
drobnikova,vera 09-0585
drobysheva,t. n 06-0041
drobysheva,z 08-0264
drochner,w 07-0278
droege,gisela 06-0420
drosse,hermann 08-0441
drost,maarten r 08-0318
drouin,maurice a 05-0402
drozdenko,n p 08-0212 11-0118
drozdz,andrzej 04-0246
drozzhina,k s. 05-0360
drume,chiru 06-0100
druzhen"kova,e 02-0252
dryden,h t. 06-0396 06-0397
drzewiecke,hans-christian 03-0258
duarte,carlos m. 04-0521 07-0467 10-0441
dubina,eh t. 10-0348
dubinin,v i. 06-0328
dubois,s. 08-0223
dubrovin,v n 07-0506 09-0393 11-0516
dubrovskijj,ju v 03-0374
dubsky,k. 04-0572
duda,chester t. 04-0056
dudek,elsbieta 06-0096
dudgeon,david 11-0472
dudina,v m 09-0002
dudziuk,waclaw 04-0239
duecker,gerti 08-0316
duering,f 05-0091
dufek,j. 05-0172
dufey,p -a. 03-0156 03-0159
dufour,eric 09-0018
duhamel,g e 11-0618
dujjshekeev,o 10-0191 10-0193
dujunova,r 03-0315
dukhin,i. p. 11-0115
dukic,d 03-0348 12-0503
dukravec,g. m. 02-0426
duksin,ju. p. 05-0125 11-0238
dulmaa,ajuuryn 05-0294
dulphy,j. p 02-0222 03-0098 07-0622 09-0108
dumont,r 01-0184
dun,p. 10-0350
dunay,a. 07-0175 07-0215
dunham,r a 02-0507 05-0408
duniec,henryk 03-0257
dunjakov,a. 05-0242
dunlop,d m. 03-0345
dunn,michael j. 05-0030
dunnington,e a. 07-0308
dunstan,e a. 04-0231
dupont,f 12-0516
dura,m. 10-0661
durand,l 10-0349
durante,helene 01-0545
duray,marietta n 04-0577
duron,m j. c. 12-0013 12-0014 12-0015
durovcik,jan 11-0405
durve,v s 07-0459
dushkevich,v t. 01-0217 09-0208 09-0222
dushkina,l a. 05-0411
dusmatov,t. t. 12-0311
dustin,nina m 01-0495
duston,james 11-0542
duthie,c mish 04-0517
duthie,garry g. 01-0429
duthie,h 01-0532
dutler,hans 05-0041
dutton,john 01-0233 04-0234
duty,j. 03-0512
dvalishvili,v g 11-0117
dvinskaja,l m 01-0039 12-0448
dvorak,m. 04-0605 11-0318
dvorak,r 04-0216
dvorak,v 06-0183
dwivedi,u n 06-0358
dyck,g w 02-0296
dyer,fred c 04-0660
dyjseev,a 01-0169
dymnicki,edward 10-0195
dyrcz,stanislaw 01-0323
dz"oba,z l 07-0014
dzenite,a 04-0684
dzhabarov,m i 07-0544

dzhanabekov,k. 09-0615
dzhangarasheva,n. v. 11-0266
dzhaparidse,t. g. 02-0158
dzhaparidze,t. g. 03-0211
dzheblavi,kh. m. 04-0417
dzhjagis,v. 08-0206
dzhubanova,k. r. 01-0038
dzhugostran,v. s. 01-0127
dziadek,blanka 10-0311
dzjumenko,n. f. 04-0557
dzybov,d. s. 06-0425
earle,j. chris 04-0517
east,malcolm j. 07-0611
easter,r. a. 04-0347 12-0390
eastham,philippa r. 04-0292
eaton,john w. 09-0043
eaton,w. d. 10-0563
ebbesson,sven o. e. 04-0448
ebendorff,wilhelm 02-0190 03-0142
eberspaecher,juergen 02-0609
ebing,w. 07-0644
echternkamp,s. e. 10-0635
eckhardt,h. 09-0211
eckmann,reiner 05-0306 11-0593 12-0647
ectors,f. 05-0538 10-0644
eddy,f. b. 01-0431 09-0395
edelstein,s. 01-0374
eder,helmut 05-0094 05-0095 08-0121
eding,e. h. 09-0498 10-0540 11-0578 11-0580
edmonds,j. s. 06-0359
edmonds,michael s. 10-0013
edwards,anamaria 06-0048
edwards,l. m. 10-0641
edwards,s. 10-0306
edygenov,a. 08-0262
efimenko,l. p. 03-0123
efimenko,o. i. 11-0187
efimova,e. n. 10-0535
efner,tadeusz 02-0245
efremov,l. n. 10-0521
eger,s. 12-0179
eggebrecht,angelika 03-0491
egger,isabelle 12-0127
eggo,m. c. 04-0068
eggum,b. o. 01-0325 07-0114 08-0113 08-0114
egiazarjan,eh. m. 02-0462 12-0645
egidius,e. 10-0573
egmond,hans p. van 09-0050
egorov,i. 02-0376 07-0341 07-0342
egorov,n. 08-0262
egorova,v. v. 04-0037
eguchi,atsushi 11-0592
egusa,syuzo 05-0461
egwui,peter c. 01-0585
ehdel",k. e. 03-0147
ehdel".,k. e. 10-0233
ehl"bert,g. 11-0402
ehl"vinger,k. 05-0224
ehpshtejjn,n. a. 10-0233
ehpshtejjn,t. b. 12-0102
ehrnst,l. k. 04-0682 11-0585
ehrtuev,m. m. 01-0201 03-0078 07-0187 12-0240
ehskeleva,z. i. 09-0127
eikelenboom 04-0188
eiler,paul d. 08-0400
eilfort,k. 07-0344
einarsson,einar j. 02-0584 04-0631
einsle,ulrich 12-0554
eiras,j. c. 12-0701
eisemann,joan h. 04-0161
ejadi,samuel 11-0078
ekimova,eh. a. 12-0578
ekokotu,paterson a. 02-0512
el boushy,a. r. 10-0041 10-0159 11-0021
el halawani,m. e. 01-0098 11-0408
el-abicy,m. 04-0437
el-ashry,m. a. 12-0281
el-aziz,m. m. abd 04-0253
el-habbak,m. m. e. 07-0314 08-0268
el-mashikhi,s. a. 12-0079
el-naggar,n. m. 03-0298
el-nahry,fekry 11-0134
el-sayed,t. 12-0430
el-serafy,a. m. 12-0281
el-shazly,khaled 09-0001
el-sokkary,a. 02-0540
el"chaninov,v. v. 09-0130
el"cov,v. a. 09-0445
elbert,g. 07-0071
elbertshagen,helmut 08-0044
elefson,e. e. 05-0526
elfimova,m. n. 12-0305
elger,b. 07-0575
elgersma,a. 09-0166
elguera,m. 05-0219 09-0352
elias,a. 04-0355 08-0153 08-0157 08-0160 12-0006
elikhin,v. p. 01-0003
eliseev,i. g. 10-0332
elistratova,t. m. 01-0136
elkimary,i. s. 07-0176
elkin,robert g. 06-0237
elkina,l. g. 02-0399
ellendorf,f. 04-0173
ellendorff,franz 07-0248
ellersieck,m. 12-0093
ellingsen,odd f. 09-0484
ellington,j. e. 05-0526 12-0789
elliott,diane g. 05-0444
elliott,j. m. 08-0312
elliott,r. 12-0341
elliott,s. t. 03-0481
ellison,r. s. 01-0042
ellory,j. c. 04-0453
elofson,lars 12-0136
eloranta,pertti 11-0489
elsaesser,f. 03-0583 03-0584
elsner,a. 11-0042
elson,a. 10-0395 12-0439
elston,ralph a. 01-0607
elwinger,klas 04-0402 09-0337 12-0445 12-0449
elwood,j. w. 04-0522 07-0476
elze,k. 02-0294 03-0565
emanuel,ludovit 12-0352
embrenov. s. 05-0318
emel"janov,v. v. 02-0032
emel"janova,m. 04-0684
emel"janova,n. g. 09-0500 09-0501
emerson,beverly m. 07-0307
emmans,g. c. 11-0367
empel,wojciech 11-0179
empson,katherine l. 09-0043
enbergs,h. 07-0144 09-0607
enchev,encho 06-0025
ender,k. 03-0154 03-0259 03-0260 04-0092 04-0190 07-0090 09-0200 12-0265
ender,klaus 10-0327 12-0392
enders,a. c. 09-0623
endler,john a. 09-0417
endo,hideaki 05-0275
endoh,yuuko s. 12-0112
enell,magnus 11-0609
eng,john 01-0057
eng,ken 01-0081
engel,wolfgang 05-0088
engelberg,klaus 12-0562
engelbrecht,k. 05-0225
engelhard,j. 09-0226
engelking,h. m. 09-0520
engelmann,c. 03-0084
engels,wolf 09-0571
engelsma,j. w. 12-0111
engerer,k.-h. 06-0222 06-0234
engert,k. 04-0324
englander,s. walter 09-0017
englert,eva 06-0431
englisch,h.-g. 03-0241 04-0319 04-0325
englisch.,h.-g. 04-0330
enikeeva,eh. kh. 06-0120
entel,h. j. 11-0152
enyedi,s. 07-0218
enzmann,p.-j. 01-0608
epikhin,v. p. 02-0035
epimakhov,n. 03-0287
epimakhova,e. 05-0240
epkenhans,p. 01-0164 08-0140
epler,piotr 05-0406
eppler,alwin 02-0532
eppler,dieter 02-0532
eranov,a. m. 01-0049 10-0174
erck,hans bernhard 01-0403
erdahl,d. a. 11-0545
erdman jun.,john w. 02-0064
eremenko,v. i. 06-0061
erfle,j. d. 04-0018
ergens,r. 05-0469
erickson jun.,e. h. 09-0586
eriksen,lis 12-0752
eriksson,curt 11-0533
eriksson,lars-ove 11-0436 11-0529 11-0530 11-0537
eriksson,mats o. g 02-0459
eriksson,torleif 12-0618
erin,a. t. 09-0535
erkoc,figen u. 08-0062
erlandsen,mogens 10-0452 10-0453
ermenkov,k. i. 04-0033
ermokhin,v. ja. 09-0412
ernst,e. 02-0308 05-0091
ernst,l. 01-0128
ernst,r. a. 03-0305 04-0379
ernst,w. 07-0233
erofeev,v. i. 04-0148
erokhin,a. i. 03-0219 04-0237 09-0235
erokhin,v. g. 09-0424
erten,h. n. 12-0544
es,e. j. h. van 06-0105
esavkin,ju. i. 12-0613
escaffre,anne-marie 01-0545
escaffre, a.-m. 7 -522t
escalona,f. 03-0566
escartin,r. 03-0302 07-0347
escudero,j. 01-0364
esel,a. 11-0191
eseneev,t. k. 01-0238 02-0253 04-0248
eskin,n. a. m. 10-0096
esmail,s. h. m. 09-0350
esmail, s. h. m. 9 -231t
esmann,j. 01-0058
espinach ros. a. 04-0579
espinasse,r. 01-0636
esterby,s. r. 01-0532
esteves,sergio novita 11-0658
etches,r. j. 01-0416 02-0306
etienne,m. 02-0127 02-0324 06-0188 08-0232 08-0234 09-0004
etzrodt,f. 02-0283 09-0263
evans,barbara i. 04-0490
evans,d. g. 01-0695 07-0236
evans,f. d. 12-0367
evans,j. l. 12-0003
evans,j. w. 09-0061
evans,t. r. 10-0250
evdokimov,p. 01-0394 06-0224
evelyn,t. p. t. 11-0612
evenson,d. p. 06-0089
evers,brigitta 10-0136
evers,petra 03-0571
evsikov,b. i. 12-0735
evsjukov,m. 09-0082
evtisova,s. kh. 05-0064
ewan,richard c. 01-0019
ewers,christiane 11-0082

ewert,h -g. 08-0070
09-0102
ewing,r d 03-0494
ewing,r d
07-0410
eyal,e 03-0193
eyestone,w h
05-0544 10-0652
eyre,michael d
07-0120
ezhov,v g. 12-0537
ezra,d 04-0070
ezura,yoshio 07-0572
faafeng,b 04-0530
faafeng,b
01-0495
fabre,jean 11-0355
fabregas,j.
05-0414
fabregas,jaime
06-0350
fabricant,j. d 05-0054
fabsicz,m 03-0560
fafara,augustyn
02-0103
fahey jun ,george c
02-0064
fahmy,mohamed h
07-0231
fahnenstiel,g l
08-0336
fahnenstiel,gary l
08-0335
fahning,m. l 01-0681
fahr,r -d 02-0185
faichney,g. j. 01-0015
04-0005
failla,douglas l
03-0062
failla,mark l. 11-0026
faina,r 02-0475
04-0536 04-0597
fairclough,r.j. 03-0292
fairfull,r w 03-0306
12-0431
fairweather-tait,susan
j. 07-0115
faisal,m 05-0450
falca,c 11-0259
falk,k 01-0570
02-0478 04-0563
falkay,g 07-0228
falkenberg,heinz
04-0320 12-0370
12-0373
faluhelyi,s. 09-0133
familton,a. s 09-0014
fan,titan s. l 10-0106
fan,titan,s l 09-0052
fang,w s 03-0569
fang,y 02-0612
fantin,v m 05-0125
11-0238
farag,r s 10-0088
farago,i. 04-0280
farbridge,k. j. 04-0555
04-0556
fardeau,j. c 05-0325
faremo,ulo 11-0445
farghaly.m 07-0373
fargher,r c 09-0391
10-0412
farid,a. 03-0112
farid,m. f a. 03-0232
farina,benedetta
07-0036
fariss,marc w
06-0039
farkas,j. 03-0506
farkas,n 04-0365
farmer,bertrand
09-0217
farmer,clinton n.
06-0073
farnworth,r 08-0209
farrakhov,n 07-0346
09-0331
farrand,g d 04-0690
farries,e 01-0195
01-0196
farstad,wenche
01-0687
faruga,andrzej
02-0391
fasaic,k. 04-0492
fattah,a. t. a. 02-0434
faure,j. m 04-0391
06-0231
fausch,kurt d
03-0352
faust,hans 12-0023
faye,b. 04-0074
fayrer-hosken,r a.
06-0091
fazekas,d 01-0099
01-0100
fazekas,s. 06-0474
fechner,m. 10-0118
feddersen,egbert
07-0143
fedeli,c 12-0454
federov,n a. 04-0237
fedijj,e m 06-0038
fedjaev,v e 09-0376
12-0615
fedorchenko,f
10-0500
fedorchenko,f g
09-0456 09-0471
fedorchenko,v
10-0500
fedorchenko,v i
03-0415 09-0471
09-0477 11-0483
12-0584
fedorenko,n n
06-0109
fedorenko,v f
06-0109
fedorjaka,v 04-0145
fedorjaka,v p
01-0156 11-0013
fedorov,v p 11-0163
fedorova,g.v 05-0360
fedorski,jerzy 05-0500
fedosenko,o 08-0242
fedotcheva,n i
11-0031
fedotenkova,e
10-0471
fee,everett j. 05-0352
feger,karl-heinz
01-0501
feher,gy 06-0474
feher,t 07-0063
fekete,j. 08-0217
08-0218 08-0219
fekete,j. 08-0220
08-0221 08-0222
fekete,s. 05-0493
feldheim,w 11-0068
feldhusen,f 02-0652
feldmeth,c r 08-0308
felenczak,andrzej
10-0205
felfe,werner 03-0400
fell,l r 02-0118
fellingham,g. w
08-0393
fellman,j. h 09-0037
fenerova,ijovka
09-0202
fenselau,catherine
09-0021
fenster,r 10-0161
fenton,m 01-0306
10-0089
feofanov,ju a.
12-0609 12-0612
feoktistov,a. a.
07-0088
fernandes,
m. t.
01-0614
fernandez,h a.
02-0644 07-0614
fernandez,j. a.
05-0185
fernando,rohan l
12-0130
ferraris,r p. 10-0408
ferraris,ronaldo p.
05-0409
ferreira,e g. 04-0479
ferrell,c l 01-0025
01-0215 02-0024
ferstl,r 11-0252
fertig,s 02-0087
fesenko,g m. 05-0356
festerling,a. 04-0367
07-0256 12-0384
fewson,d 10-0164
11-0314
fewson d 07-0264
fialkov,v a 06-0257
ficev,a. i 06-0018
10-0004
fiebig,ursula 03-0076
fiedler,e 10-0300
fiedler,hermann
06-0129
fiedler,i 10-0134
fiedler,j. 05-0177
fiegenbaum,g
10-0294
field-dodgson,m. s
10-0455
fields,meira 11-0026
11-0053
figueiredo vieira,paulo
de 11-0224
figueroa,v 04-0350
fijal,jerzy 09-0554
fijalkowski,jacek
01-0664 02-0618
fil"chagov,l p
07-0563
fila,f 09-0487
filatov,v i 12-0606
12-0612
filatova,t. a 12-0594
filatova,tat"jana
08-0341
filenko,o f 07-0561
filho,jaime laperuta
11-0174
filipovich,eh g.
10-0018 10-0039
filippov,v 02-0651
filippova,v i. 10-0358
filipsson,olof 04-0531
filistowicz,andrzej
10-0179 11-0198
filjak,m. 01-0221
filonenko,v 02-0347
05-0227 08-0278
09-0356
finaeva,v g 05-0357
finke,mark d 12-0041
finke,w 11-0507
finlayson,j. 04-0126
finley,a. 07-0573
finley,c m. 10-0243
firiars,g. w 03-0429
firsov,v i. 02-0215
firsova,n m 04-0642
first,n l 04-0688
05-0544 10-0632
10-0662
fischer,andreas
02-0236 04-0225
11-0278
fischer,b 12-0792
fischer,g 08-0177
fischer,k 04-0367
fischer,wolfgang
06-0149
fischer-scherl,th
03-0330
fischer-scherl,theresia
09-0517
fisher,murray t.
06-0049
fishwick,g. 04-0019
fisinin,v i. 04-0386
06-0016 09-0005
fiszlewicz,michele
01-0008
fitzgerald,g j.
03-0369 08-0306
fitzgerald,j. j. 01-0243
01-0244 01-0245
fitzhugh,h a 06-0180
fix,h -p 10-0148
fjeld,eirik 11-0477
flachowsky,e 03-0277
flachowsky,elisabeth
02-0034
flachowsky,g 02-0034
03-0188 03-0272
08-0171 08-0173
09-0112 11-0006
11-0147 11-0233
11-0234 11-0249
11-0251 12-0123
12-0124 12-0125
12-0156 12-0280
12-0293
flad,s. 01-0092
flade,dietrich 07-0157
flatmark,torgeir
09-0030
fleet,m r 04-0250
fleho,j. y 09-0257
fleming,j. r 11-0208
fletcher,j. m 01-0423
fletcher,n a. 02-0078
flock,d k. 05-0202
10-0360
flock,d.k. 10-0347
flood,c. a. 09-0359
florek,stefan 09-0100
12-0143
flores,d a. 02-0273
fluri,peter 02-0598
02-0599 08-0473
flyvbjerg,a. 01-0058
foca,eugenia 04-0187
foca,n 04-0187
focant,m 07-0008
foell,christopher j.
11-0079
foellmer,u. 11-0063
foelsch,d w 01-0108
foerster,karin 07-0254
foerster,m. 08-0373
08-0374 11-0455
foerstner,u 05-0421
06-0353
fojjgt,ju. 10-0150
fojt,b 01-0121
02-0070
foksha,v f 01-0157
folke,carl 11-0604
folkerts,h 01-0102
follett,b. k. 07-0395
folman,y 04-0197
12-0286
fomicheva,i. i.
02-0580 06-0405
fomina,e 11-0656
fong,sun-chio 09-050
fontaine,nicole
01-0029 08-0225
foo,j. t. w 11-0614
foote,r h 05-0534
06-0455 08-0507
09-0084 12-0789
foott,j. s. 11-0618
12-0699
forage,r g. 09-0613
forbes,j. m 02-0373
08-0012 10-0021
ford,c w 12-0341
fordham,d p 07-014
07-0142
fornal,malgorzata
03-0198 08-0176
forneris,g 01-0560
11-0454
foroshhuk,v p
07-0562
forrest,david w
12-0172
forry,j. t. t. 10-0637
forsberg,curt 07-0548
fortin,a. 05-0159
12-0393
fortuny,a. 04-0579
fossum,c 12-0471
foster,a 04-0070
foster,a h 05-0021
foster,brian c
12-0109
foster,carol 04-0645
foster,douglas l
01-0232 04-0232
foster,r g 07-0395
fougner,jan a
05-0489
fourdin,annie 08-0225

fournier,brigitte 09-0022
fowden,abigail l 12-0793
fox,m 01-0370
fox,p f (ed.) 04-0050
frafjord,karl 05-0483
fraga,l 10-0351
fraga,l m 04-0383
frahm,bodo 04-0086
frahm,k. 01-0273
frahm,larry j. 01-0066
frain,w j. 09-0394
framstad,tore 01-0687
france,j. 04-0014
francesconi,k. a. 06-0359
franchini,a. 10-0388
francl,a. t. 03-0529
franco,nilo m 11-0589
francombe,m a 01-0308
frank,h k. 12-0106
frank,kerstin 12-0056
franke,g 06-0203
frankenhuis,m. th 10-0352
franz,h 01-0170 02-0201 02-0202 03-0115 07-0133 12-0273
franz,j. 09-0263
franz,w 01-0256 04-0276 04-0324
franz,werner 03-0278
fraser,d l 03-0011
fraser,david 12-0412
fredeen,h t. 04-0151 07-0164 07-0165
fredeen,howard 02-0483 .
frederiksen,j. hoejland 12-0320
fredrich,f 07-0606
freedman,b 08-0345
freeman,a. e 08-0135
freeman,b m. 04-0378 11-0091
freese,e 02-0645
frensham,a. b 04-0420
frerichs,h 12-0765
fresh,kurt l 07-0433
freudenberger,d o 09-0014
freund,e 11-0332
frevert,toennies 07-0456 07-0457
frey,h -r 09-0605
freyer,gertraude 03-0138
frick,w 07-0581
fricke,h 02-0487
fricke,ronald 01-0459
fried,k. 01-0383
friedel,klaus 06-0008
friedemann,k. 04-0088
fries,ingemar 04-0672
fries,r 07-0662 07-0665
frieske,zbigniew 04-0528
frigg,m 07-0332
frindt,andrzej 08-0460
frindt,andrzej 08-0465
fritz,zif a 01-0385
fritzsch,wolfgang 04-0678
fritzsche,j. 02-0184 04-0319
fritzsche,joachim 11-0236
fritzsche,ronald a. 09-0414
froebe,b 07-0235
froehli,d m 08-0282
frohlich,a. a. 05-0072
frolov,a. i. 01-0216 10-0169
frolov,v 02-0651
frolova,a. s. 06-0050
fromageot,c 01-0437 01-0587
froman,david p 12-0435
fruechtenicht,k. 12-0101
fruenc,r 11-0264
frunza,m a 02-0466
fry,r c 10-0262
frydrych,z. 04-0040 04-0397 06-0020 07-0021
fuchs,boguslaw 01-0335
fuchs,otto 01-0476
fuchs,rudolf 09-0067
fuchs,s 06-0434
fuchs,w 04-0149
fuehrer,f 09-0609
fuellner,g. 03-0414
fuerll,m 11-0012
fuerst,peter 10-0549
fuerstenberg,lutz 11-0178
fuhrken,e 03-0304
fujihara,t. 07-0050 11-0015
fujii,kazunori 06-0329
fujino,yasuhiro 10-0415
fujio,yoshihisa 03-0409 03-0447
fujita,tuyosi 12-0081
fujiwara,michihiko 08-0043
fukai,junji 11-0590
fukal ladislav 10-0105
fukuhara,osamu 08-0386 11-0433
fukui,haruo 05-0447
fukui,y 12-0795
fukumoto,michikazu 04-0612 10-0553
fukunaga,tatsuhiro 08-0386
fukuoka,shin-ichi 07-0059
fukushima,romualdo shigueo 01-0112
fulkerson,w j. 01-0197 05-0126 05-0127
fuller,m f 01-0339 03-0020 07-0108 10-0012 10-0014 10-0015
fuller,randall l 05-0343
fuller,ray w 08-0061
fullmer,curtis s. 05-0033
fulong,cai 07-0551
fulthorpe,r r 08-0332
fulton,r s. 10-0446
fun sun chu 09-0052
funabiki,ryuhei 03-0024
funk,g 08-0438
funk,martha a. 10-0137
funke,bernd 04-0599
furgal,k. 12-0337 12-0338
furgala,basil 07-0643
furjaev,e a. 12-0668
furlan,antonio c. 04-0366
furugouri,kou 02-0200
furuichi,masayuki 11-0523
furukawa,kiyoshi 01-0544 11-0432
furukawa,sakon 07-0038
furukawa,t. 02-0648
furuse,mitsuhiro 11-0033
furutani,akira 01-0494
furuya,akiko 10-0413
furuya,shu 01-0113 07-0018 09-0010 09-0011
fushiki,tohru 07-0059
fushino,toshinori 09-0455
fuzeeva,n s 10-0358
fyfe,lorna 06-0370 07-0573
g mallory boush 09-0586
gabal,m a. 05-0049
gabdullin,m. 08-0195
gabel,m. 06-0002 07-0207
gabor,g 01-0629
gabos,marta 10-0582
gabrieljan,b. k. 12-0525
gacek,joanna 07-0511
gacek,kazimiersz 07-0511
gadd,j. 01-0336 07-0275
gado,m. s. 08-0268
gadzhiev,m m. 10-0207
gaebel,g. 11-0017 12-0046
gaechter,rene 01-0496 07-0549
gaedeken,d 08-0022
gafurov,u. 12-0458
gagnon,jean 10-0081
gahne,bo 01-0276
gaisford,michael 06-0169
gajdusek,josef 04-0509 05-0309
gajek,olimpia 02-0602
gajewska,regina 02-0602
gajjdarska,verginija 01 0172
gajjdoshik,d 05-0092
gajjvoronskijj,b. a. 04-0202
galatjuk,a. e 04-0454
galbraith,h 02-0256
gale,d l 04-0006
gale,william f 03-0456
galhotra,m m. 01-0676
galieva,l d 06-0454
galik,roman 12-0402
galimov,i. r 03-0528
galina,c s. 11-0157
galina,n i. 10-0482
galkin,a. a. 09-0062
gallandt,g 04-0567
gallardo,n 04-0342
galli,andrzej 05-0388
galofre,alegria 09-0567
galut,o. 07-0316
gamburcev,eh v 12-0685
gamkalo,z g. 06-0111
gamko,l n 02-0020
gamygin,e 10-0505
gamygin,e a. 12-0593 12-0594 12-0624
ganchenko,m. v 09-0503
gandelin,marie-helene 03-0375
gandolfi,f 09-0618 12-0795
ganja,i. m. 02-0549
gar"kavyjj,f l 06-0134
garaev,i. 08-0248
garanina,n a. 02-0069
garbe 09-0531
garcia,f 01-0417
garcia,lopez r 12-0006
garcia,m. a. 01-0681
garcia,m. f 03-0047
garcia,r h 05-0549
gardiner,william e 04-0518 04-0590
gardner,i. a. 11-0330
gareis,m. 05-0051
garg,s. k. 12-0480
gargouri. y 01-0052
garin,a. g. 12-0591
garishvili,v 07-0306 07-0325 07-0326
garist,a. v 12-0121
garlick,p i. 03-0013
garlick,peter j. 12-0055
garlov,p e 09-0493
garmo,torstein h 08-0106 10-0030 10-0292 10-0293
garnier,v 03-0593
garnsworthy,p. c 04-0198 11-0225
garrels,dwight d 01-0452
garrett,j. e 11-0029
garside,e t. 08-0392
garssen,g j. 04-0063 12-0350
garwacki,s 03-0021 12 0029
garv,f 09-0124
gashimov,a. a. 03-0224
gaskins,charles t 05-0120
gass,v 03-0179
gasser,kenneth w 05-0264
gassmann,m. 09-0060
gassner 07-0300
gastmann,chr 03-0599
gatel,f 08-0217 08-0222 10-0036 10-0335
gates,t. e 07-0451
gatlin 3,d m. 06-0335
gatti,jean-luc 09-0480
gauldie,r w 01-0425
gauly,m. 10-0604 11-0661
gaus,j. 08-0083
gavrilenko,g n 10-0206
gavrilov,p. v 11-0257
gavrishuk,v i. 10-0201
gawecki,witold 09-0318
gawlikowska,barbara 10-0197
gawthorne,j m. 11-0018
gay,n. 03-0136
gazizov,f kh 07-0072
gazizov,v z 06-0401
gazo,m l 03-0022
gdala,j. 04-0099
gebhardt,g 04-0361 05-0014 05-0015 05-0074 07-0100 07-0129 11-0034 11-0326
gebhardt,gudrun 06-0210
gebhart,glin e 11-0567
gebremedhin,kifle g. 09-0094
geddes,n 04-0399
gedek,brigitte 05-0051
gedymin,jerzy 08-0457 08-0458
gee,john h 01-0463
geer,d van de 12-0325
geerken,c m. 07-0016 11-0243
geertz-hansen,ole 11-0496
gefurov,u. 12-0459
gehrke,p. c. 12-0468
gehrken,henning 09-0601
geiger,adolf 08-0499
geinitz,d 07-0015 12-0156 12-0156
geisert,r d 03-0585 03-0586
geissler,bernd 09-0165 12-0206
gejjshin,m a. 01-0145
gelagaev,s 09-0596
gelardi,nancy l 10-0138

geldermann,h. 02-0111
gelfert,e. 02-0282
geller,walter 05-0337
gelnar,m. 02-0558 05-0470 11-0625
gemmer-colos, veronika 05-0046
genadiev,plamen 03-0227
gensch,r. 05-0374 08-0431
gentil,s. 03-0386
genxing,xu 07-0567
george,carl j. 04-0482
george,glenn m. 01-0066
george,h. 12-0268
george,s. g. 12-0720
georgescu,d. 11-0094
georgescu,doina 11-0094
georgescu,gh. 04-0187
georgescu,i. 05-0497
georgiev,georgi 02-0120 02-0243
georgiev,ivan 11-0670
georgiev,stojan 10-0524
georgieva,janka 09-0245
georgieva,natalija 11-0035
georgievskijj,v. i. 01-0003 01-0206 02-0032 10-0248 12-0218
georgopoulou,u. 11-0549
geraert,p. a. 12-0022
gerard,p. 05-0288 06-0302
gerasimenko,o. g. 06-0268
gerasimenko,v. v. 10-0302
gerasimova,g. b. 09-0145 09-0146
gerasimowicz,walter v. 06-0068
gerber,jutta 01-0633 03-0526 03-0527 11-0653
gere,t. 01-0099 01-0100 04-0218 07-0168
gerendai,d. 05-0228
gergel,j. 12-0588
gergelyiova,v. 05-0216
gerhardt-zicher,w.-f. 08-0477
gerhardy,h. 01-0158
gericke,hiltrud 08-0072
geries,l. 11-0546
gerig,luzio 06-0422
gerisch,v. 01-0343
gerken,martina 03-0324
gerlach,h. 02-0285
geroeva,g. b. 09-0145 09-0146
gershanovicz,a. d. 09-0389
gerstenberg,k. 12-0330
gerstmayr,sabine 12-0351
gertz,ch. 05-0037
gerwig,c. 10-0303
getz,wayne m. 01-0645 01-0646
gevorkjan,a. 02-0377
gewirth,d. t. 07-0048
gfroerer,f. 05-0122
ghali,y. 10-0088
gharrett,a. j. 07-0420 07-0429
gheorghiu,val. 11-0335
gherardi,s. 05-0148
gherdan,a. 12-0044 12-0045
ghion,esleibe 01-0114
ghittino,c. 11-0623 11-0626
ghittino,p. 11-0611
ghittino,v. p. 11-0631
ghosal,shibnath 02-0094
ghosh,t. k. 04-0273
giacintov,p. 02-0217
giacintov jun.,p. 02-0217
giama,m. 05-0295
giannangeli,f. 04-0118
gianola,d. 12-0130 12-0390
giartosio,anna 09-0039
gibson,c. d. 07-0651
gibson,j. p. 01-0091 02-0188 11-0210 12-0226
gibson,r. j. 01-0444
gibson,s. w. 01-0404 08-0269 08-0271
gidenne,t. 11-0023
giec,a. 11-0142
gielen,j. th. 05-0523 05-0532 10-0634
gielen,m. 06-0162
gierer,w. 04-0606
giersch,ch. 10-0107
gierz,bogumila 10-0200
giese,r. 12-0259
giese,w. 11-0075
giesen,helfried 04-0275
giessler,h. 09-0012
giessler,hartmut 04-0130
gigas,christfried 04-0434
giger,s. 03-0238 11-0295
gigli,s. 12-0303
giglioli,c. 04-0266
gil,zygmunt 08-0149
gil"man,l. 10-0323
gil"man,z. 08-0210
gilbert,a. b. 04-0389 09-0309 11-0694
gilbert,g. r. 12-0133
gilbert,john 11-0077
gilbreath,r. l. 12-0004
gildbjerg,l. b. 06-0154
giles,n. 01-0584
gilewska,barbara 03-0217
giljarov,a. m. 06-0287
gill,m. 01-0240 04-0014
gill,w. 02-0233 12-0255
gille,uwe 03-0215
gillet,ch. 01-0617
gillet,y. 07-0005
gilmour,a. r. 11-0194
gimm,khenn 08-0342
ginebreda,antonio 09-0567
giner,s. a. 08-0107
ginku,a. i. 09-0306
ginther,o. j. 01-0087 01-0088 05-0549
gippert,t. 07-0127 07-0131
girard,v. 07-0003
girolami,a. 12-0400
giudici,marina de nicola 02-0541
giugliano,r. 08-0039
giuliotti,l. 12-0454
giurgea,rodica 04-0025
giusi,alessandra 01-0008
gjedrem,trygve 02-0485
gjerde,bjarne 02-0481
glabowna,maria 09-0179 09-0181
gladchenko,v. i. 12-0607
gladkov,m. a. 03-0147
gladkova,g. 02-0354
glagolev,s. m. 01-0520
glass,gary e. 08-0330
glatter,otto 04-0439
glatz,p. c. 04-0420 09-0305
glatzel,e. 01-0030
glazacheva,i. v. 12-0541
gleeson,f. 06-0158
gleeson,p. 01-0192 01-0193
glei,michael 04-0293
glende,p. 03-0256 04-0284 09-0291 12-0421
glenn,b. p. 12-0075
glennie,robert t. 12-0055
glew,a. m. 12-0795
glimm,doris 06-0026
glinski,zdzislaw 01-0639 02-0608 03-0555 05-0516 10-0628
gliwicz,z. maciej 07-0463
glock,h. 12-0429
glodek,p. 02-0280 10-0314 12-0380 12-0386
gloes,w. 08-0123
glore,stephen r. 09-0008
gloss,steven p. 05-0431 06-0366
glover,j. 07-0028
gluckman,p. d. 12-0057 12-0221
glukhova,eh. r. 03-0046 03-0056
glukhovcev,i. v. 02-0426
glushko,a. 10-0299
glyphis,john 02-0075
gnidenko,s. s. 07-0292
goddard,c. 07-0319
godeau,j.-m. 07-0005 08-0017
godfroid,sylvie 07-0008
godke,r. a. 09-0131
godkin,a. m. 05-0537
godovac-zimmermann, jasminka 04-0045 06-0054 07-0043
goebel,r. 01-0662
goehler,h. 04-0233 11-0269
goel,d. p. 11-0508
goena,m. 02-0012
goerlich,r. 10-0558
goethling. u. 03-0423
goetz,k.-u. 12-0355 12-0380
goetze,s. 07-0323
goff,a. k. 01-0679
goff,gregory p. 03-0349
goffaux,m. 10-0129
gogoleva,e. a. 06-0116
gohda,eiichi 09-0042
gojjsaljuk,s. v. 01-0188
gojkovic,s. 08-0119
gol"dman,i. l. 02-0164
goldobin,m. i. 04-0328
goldspink,g. 06-0249
goldstein,steven 12-0095
goldyreva,t. s. 10-0174
golebiowska,halina 01-0181
golladay,s. w. 10-0454
gollmann,hans p. 01-0476 09-0427
golosun,v. p. 12-0609
golovina,n. a. 07-0585
golovko,t. v. 05-0319 12-0552
goltz,a. 08-0370
golubev,a. k. 06-0454 11-0090
golubeva,e. d. 09-0125
golubeva,m. g. 04-0455
golubeva,n. 08-0277 08-0278
golubickijj,a. p. 11-0159
golubina,l. t. 10-0263
golushko,v. 08-0242
golushko,v. m. 02-0021
golz,wolfgang 10-0623
golze,m. 04-0189 12-0260 12-0267 12-0312
gomez,g. 08-0080 09-0541
gomez-lucia,esperanza 06-0065
gomez-rojas,v. 04-0347
gomide,jose alberto 11-0123
goncalves,p. b. d. 09-0595
goncharov,i. v. 07-0182
goncharova,e. p. 07-0126
goncova,l. p. 02-0395
gongnet,g. p. 12-0599
gontov,m. e. 09-0134 09-0151
gonzal,angelito c. 11-0561
gonzalez,r. 12-0693
gonzalez-lopez,m. d. 01-0690
goodall,e. d. 07-0029
goode,r. h. 03-0403
gooden,j. m. 10-0210
goodier,john 12-0638
goodman,g. 11-0396
goodman,randell k. 02-0507
goodman,robert l. 12-0324
goodrich,r. d. 04-0205 11-0029
goodwin,r. m. 06-0426
goos,h. j. th. 02-0513 10-0547 11-0572 11-0578 11-0579
gophen,m. 02-0430 07-0465 11-0468
gorbachev,a. 11-0683
gorbacheva,n. s. 05-0192
gorbatenyijj,g. g. 02-0544
gorbukov,m. a. 03-0530
gorbunov,v. 06-0166
gordienko,l. n. 01-0663
gordin,h. 04-0589
gordon,alex h. 11-0095
gordon,f. j. 01-0082 07-0118
gordon,i. 03-0589
gorelov,a. n. 03-0147
gorgol",v.t. 09-0582
gori,o. v. 09-0270 10-0320
gorie,shigeaki 03-0464
gorilejj,s. 01-0280 04-0294
gorin,a. v. 10-0033
gorin,v. 10-0323
gorinov,janko 09-0201
gorjachev,i. i. 03-0167 08-0117
gorjainova,l. 07-0116
gorlov,a. i. 04-0143
gorlova,a. d. 10-0286

gorodeckaja,a. a 05-0022
gorodeckijj,a a. 10-0058
goromosova,s. a 01-0599
goronkova,o i. 05-0412 05-0413
gorshkova,t. 02-0380
gorski,janusz 03-0311 04-0431
gosh,r i. 12-0506
gosling,j. p 04-0696
goszczynski,jerzy 01-0180 01-0182
goto,akira 06-0273
goto,k 08-0503
gotowicka,grazyna 10-0200
gotthardt,h 12-0203
gottschalk,a. 09-0144 11-0252
gottschalk,v a. 01-0167
goudie,cheryl a. 03-0452 03-0453
goudie,k a 06-0306
gough,p j. 03-0333
gould,gwyn w 07-0611
gould,james l 01-0647
gous,r m. 07-0334 09-0336
gouws,d j. 10-0680
gow,c b 04-0384
gowe,r s. 03-0306 12-0431
graboeski,ryszard 09-0189
grabowski,r 09-0172 09-0193 11-0179 11-0192
gracheva,n k. 02-0132
graefe,w 08-0069
graetsch,u. 06-0106
graf,ernst 09-0043
grafenau,p 11-0682
graff,carmen 01-0078
grafodatskijj a. s. 07-0609
graham,e f 01-0231 01-0681 04-0228 11-0545
graham,n mcc. 08-0109
grajcarek,k. 09-0610
grajczak,leszek 02-0263 05-0152 05-0160
grambow,birgit 01-0461
grambow,h 09-0605
graml,r 01-0173 04-0180 10-0220
granciu,i. 11-0083
grande,b. 02-0504
grannenman,j. c. m. 11-0574
grant,ian 12-0055
grant,j. w a. 05-0304 12-0528
grant,s. a. 02-0195
grant,william e 07-0399
grasenack,h 03-0293 06-0228 07-0317
graser,gabriele 12-0429
grashorn,m. 03-0600 05-0204 10-0347
grassman,l a. 04-0249
grasso,f 12-0400
grau,doris 04-0599
grauvogl,a. 01-0104
graver,chr m. 03-0450
gravert,h o 01-0177 09-0173 10-0211 12-0227
graves,c n 01-0677
graves,h b 04-0267 04-0268
graves,r e 12-0317
gray,c. 11-0615
gray,r w 08-0375
graynoth,e 07-0437
grebenjuk,a z 12-0342
grechko,j. 08-0144
greco,j a. 06-0440
green,david w j. 07-0559
green,philip e j. 07-0446 07-0447
green,s. 12-0013 12-0014 12-0015
greenan,j. m. 05-0531 05-0542
greenhalgh,roy 06-0071
greenleaf,w 08-0427
greer,e b 04-0338 09-0301 11-0330
grega,tadeusz 01-0237 09-0180 12-0335
greger j. l 11-0027
greger,paul d 05-0467
gregor,g. 01-0315 03-0258 04-0326
gregory,r m. 09-0595
greife,h a. 01-0319 03-0017 03-0023 10-0017
greife,m. a. 09-0114
grek,n s. 12-0231
greuel,e 03-0490 11-0390
greve,t 01-0679 02-0628 03-0573 04-0683 05-0525 07-0646 10-0640 10-0648 12-0790
grey,t. c. 06-0473
grezina,l. a. 11-0365
gric,m 07-0377
grieb,gerda 06-0149
grieder-kuhn,c. 02-0432
grieshaber,m. k. 05-0273
griessel,m. 09-0336
griffin,h. d 07-0319 12-0446
griffin,j. l 10-0641
griffiths,m. w 02-0653
grigjalis,a 11-0502 11-0503
grigor,murray r 08-0015
grigor"ev,ju. n 11-0169
grigor"ev,n g 10-0004
grigor"ev.n n 09-0151
grigor"eva,a. i 01-0326
grigorjan,k a 12-0512
grikshas,s. a. 10-0315
grillet,c 04-0074
grimal"skijj,v v 02-0445
grimm,hartmut 03-0162 09-0196
grimm,r 07-0315 08-0092
grimson,r e 04-0211
grin"ko,p m. 10-0286
gripon,jean-claude 05-0043
grischin,b 09-0322
grishin,a. f 09-0407
grishina,l 08-0098
grislis,z. a. 06-0126
grizard,j. 03-0015
groch,l 02-0554
grodzki,henryk 09-0189
groeneveld,e 03-0252 11-0098
groeninx,r f o 11-0577
groeper,katrin 08-0072
groman,david b 11-0536
grommers,f j. 12-0325
gronlund,w d 12-0726
groote,g. de 07-0365 07-0368 07-0369 11-0649 11-0650
grooten,h j. g. 05-0184
gropp,j. 11-0343 11-0343
groppel,b 02-0040 02-0042 02-0043 02-0050 02-0061 03-0034 03-0094 03-0267 09-0113 11-0149
grosjean,f 08-0221 08-0241 10-0036
groskopf,k.- h. 02-0398
groskreutz,k. a. 08-0208 10-0334
gross,f. 03-0067 06-0080 06-0081
gross,w 08-0437
grosse,f 03-0154 04-0190 09-0200
grosse,h.-j. 09-0221
grosse westerloh,h 01-0302
grosse-holz,dorothea 08-0168
grosse-westerloh,h 04-0323
grosskopf,k 06-0227
grosskopf,k. h 09-0371 09-0374
grotnes,per e 04-0480
gruand,j. 09-0275
gruber,friedrich 12-0067
gruber,l 01-0002 12-0304
grubinko,v v 03-0410 06-0315
gruen,m. 02-0055 03-0272 11-0072
gruhn,k. 01-0133 02-0061 02-0136 03-0101 04-0023 04-0024 04-0129 07-0337 10-0380 10-0381 11-0144 11-0148 11-0385
grun,k 02-0398
grupcheva,ginka i 03-0493
gruzdev,n v 01-0005 11-0240
grygierek,eugenia 07-0513 07-0516
grzybowski,roman 02-0603

guarino,sandro m. 02-0541
guay,p 12-0794
guba,f 07-0267
gubanov,a. 04-0376
guch",f a. 09-0274 09-0276
guda,m m. 05-0358
guderley,h 08-0306
gudov,s. 10-0537
gueblez,r 09-0277
gueney,o 09-0241
guenter,k. d 08-0365
guenther,k.-d. 01-0073 01-0210 01-0345 03-0027 04-0359 05-0083 06-0312 09-0463 11-0237
guenther,reinhild 10-0064
guerin,j.-l 02-0106
guerrero,j. e 11-0296
guertler,h. 01-0030 03-0267
gufrihjj,d f 09-0023
guglja,v g 01-0022 01-0049 03-0164 12-0278
guhl,walter 10-0450 12-0563
guilbault,l a. 04-0686
guillin,p. 02-0309
guise,j. 12-0427
gul"ko,d m 09-0119
gulbrandsen,k. e 11-0539
guler,hans-peter 12-0094
gullon,j. 12-0740
gumenjuk,g. d 12-0097
gumennyjj,m. f 01-0291 04-0306 08-0194 09-0280
gummennyjj,m. f 09-0278
gun"ko,a. f 05-0358
gundel,j. 01-0324
gunn,a. h 12-0559
gunnarsson,eggert 08-0461
gunten,h r von 12-0544
gucan,liu 07-0501
guchua,yang 08-0381 08-0382
guoqeng,deng 07-0574
gupta,j. k. 03-0552 06-0429
gupta,mahavir 03-0556
gupta,s. 02-0534
gur"ev,ju. s. 09-0537 12-0310
guraya,s s. 05-0261
gurbich,v v 07-0471
gurin,v k. 03-0171
gurinovich,v a. 08-0041
gurkovich,k a. 09-0116
gurnsey,catherine 06-0049
gusakov,v k. 03-0037
gusar,a. g. 01-0462 05-0309
gusejjnov,g. m 10-0486
guselnikova,a. 01-0160
guseva,l. n 02-0417
guseva,n 07-0393 11-0410
guseva,s. s. 12-0679
guseva,t. 09-0159
gushhin,v n. 10-0285
gusov,s. a. 07-0187
gusseder,j. 02-0246
gustafsson,g 11-0349
gut,adam 05-0144 05-0152
gut,agnieszka 08-0463 08-0464 08-0466
gut,w 09-0195
gutbier,brigitta 04-0283
guth,jos 11-0660
guth,s. 10-0107
gutsche,h -j. 01-0236 08-0181 12-0321
gutschi,anton 05-0168
gvildis,v yu. 01-0523
gyano,a. 02-0543 12-0587
gyoerkoes,i. 01-0099 01-0100 04-0218 07-0168
haaf,l a. m. ten 04-0343
haagsma,n. 12-0111
haakanson,lars 11-0603
haakansson,b. 01-0119

haan,n. a. de 09-0166
haardt,hauke 10-0436
haas-zens,h 08-0196
haastein,tore 01-0597
hach,clifford c. 10-0068
hacker,r r 02-0306
hackett,a. j. 12-0242
hadj kacem,n 06-0382
hadjipanayiotou,m. 01-0252
hadziomerovic,z. 09-0269
haeger,o 02-0652
haenel,h 03-0004 03-0557
haenlein george a. w 12-0339
haertling,d 08-0279
haeseler,volker 06-0415
hafez,h m. 02-0388
hafez,s. 10-0242 12-0285
hagan,j. 01-0284
hagan,s. 09-0308
hagelschuer,p. 12-0158
hagemann,luise 04-0325 04-0330
hagemeister,h 10-0065
hagen,peter 07-0184
hagena,f 11-0237
hagena,fokko 01-0210
hager,j. 04-0513
hagler jun ,winston m 06-0070
hague,p 04-0269
hahn,g l 03-0216
hahn,j. 05-0237 08-0508 10-0665
hahn,rudolf 07-0647
haiger,a. 02-0173 07-0079 11-0191
hajjeulaev,k. kh 07-0578
hajkova,j. 06-0183
hakkarainen,juhani 07-0109
halacka,karel 04-0509
halaj,m 04-0418 05-0197
halama,a k. 05-0183
haldar,d p 08-0419
hale,otho m 01-0286 01-0340 02-0313 06-0200
halemejko,grazyna z 11-0488
halevy,amir 02-0520
halevy,orna 02-0062
haley,john 10-0061
halfon,efraim 02-0542
halga,p 06-0036 06-0177
hall,gordon e 01-0536
hall,james d 07-0410
hallak,m 07-0380
hallberg,john w 01-0277
hallerman,eric m 10-0180
hallmans,goeran 07-0026
haluska,g j. 10-0606
halver,john e 09-0396
hama,takeo 05-0330 07-0449
hamackova,j. 01-0583
hamaker,b r 01-0115
hamamah,s. 10-0132
hamann,j. 02-0235
hambright,k. d 01-0465
hamdy,m. k. 08-0047
hamer,c. j. a. van den 03-0029
hamilton,daniel t. 08-0338
hamilton,j. a. 05-0154
hamilton,robert m. g 12-0109
hamilton,steven j. 03-0509 03-0510
hamm,a. 08-0389 08-0403
hammar,j. 04-0531
hammer,h 02-0301 04-0320 12-0370 12-0373
hammond,c 04-0161
hampel,g 04-0168
hamrin,stellan f 01-0464
hamza,a. k. 11-0596
hamza,m. a. 11-0139
hanak,i 12-0687
hancock,g r 04-0075
hancz,c. 04-0247
handa,nobuhiko 05-0330 07-0449
handelman,david j. 01-0056
handermann,hildegard 01-0459
haneklaus,s 02-0096
haney,james f 01-0503
hanisch,h -j. 03-0421
hanke,r 12-0185
hanke,w 06-0246 06-0388
hankin,david g 04-0529
hann,j. t. 04-0057
hanna,i 06-0239
hannusch,w 03-0597
hanrahan,j. p 04-0696
hansen,h j. m 02-0434
hansen,l b 08-0126
hansen,lars p 11-0526
hansen,p j. 05-0548
hanset,r 01-0294 02-0303 11-0201
hanson,john m 01-0468
hanson,lee h 03-0347 06-0279
hansson,g 08-0052
hansson,sture 04-0504 04-0527
hantel,renate 07-0653
hanumantha,rao k. 11-0619
hanyu,isao 08-0383 11-0447 11-0451
hanzawa,naoto 05-0292
hanzlik,k. 08-0155
haque,zahurul 10-0029
hara,akihiko 06-0329 12-0727
hara,j. shiaki 07-0596
hara,shiro 04-0576 04-0577
harada,hiroshi 08-0058
harada,katsuhiko 11-0592
haragsim,oldrich 12-0775
haraldstad,oernulf 07-0419
haraszti,j. 08-0130
harbison,d s. 07-0261
harbison,s. 12-0369
harbo,john b. 03-0542 05-0508
hard,jeffrey j. 08-0355
harding,e f 03-0355 03-0363 03-0366
hardy,f joan 01-0491
hardy,ronald w 01-0561 05-0390
hare,w c d 08-0512
harell,arie 01-0061
harenza,tadeusz 03-0186
haresign,w 05-0179 05-0546 08-0505
hargrove,g l 12-0220
harith,e a. el 01-0073
harka,a. 05-0307
harman,n 07-0239
harmeyer,j. 01-0001 12-0031
harmon,r j. 11-0331
harmuth-hoene,a.-e 08-0108 11-0073
harnisch,s. 04-0398 09-0335
harper,j. m. m 04-0022
harrell,lee 01-0607
harries,jeanette a. 06-0164
harris,c. i. 05-0017
harris,d l 09-0086 09-0087
harris,j. e 12-0470
harris,ruth b s. 02-0009
harrison,jon m. 03-0539
harrison,s. e .01-0460
harsanyi,a 06-0271 06-0334 08-0432
hart,d r 07-0552
hart,i c 07-0177 12-0058
hartfiel,w 02-0378
hartig,roland 09-0540
hartig,wolfgang 12-0024
hartjen,c.-d 12-0137 12-0417
hartman,g. f 07-0426 07-0602
hartmann,j. 12-0557
hartmann,juergen 01-0543
hartmann,otto 05-0094 05-0095 08-0121
hartmann,s 07-0591
hartmann,w 02-0629
hartmann,werner 12-0438
hartmans,j. 05-0078
hartog,johannes m. 10-0032
hartog,l a. den 01-0334 03-0266 04-0344 05-0184 06-0198 12-0145 12-0411
hartung,m. 03-0259 04-0092
hartwig,e 09-0078
hartwig,w 02-0627
harvey,harold h 07-0417
harvey,s. 01-0404
harvey,s. m. 03-0442
harwardt,i. 07-0603
haryu,t. 02-0223
hasegawa,hiroyuki 09-0033 09-0034
haselbachova,hana 10-0612
hasert,g 08-0073
hashimoto,wataru 11-0632
hasler,j. f 05-0529 10-0646
hastings,t. s 10-0554
hata,hiroshi 01-0107
hatai,kishio 05-0476
hatakeyama,hiromu 03-0085
hatano,mutsuo 11-0554 12-0729
hater,g r 05-0329
hathorn,d j. 04-0094
hattenhauer,horst 03-0523
hauck,a. k. 03-0505
hauff,p. 02-0550
haug,s. 07-0178
hauk,a. k 05-0454
haussler,mark r 04-0059 04-0060
haux,carl 12-0617
havens,k. e 11-0498
havrileck,b 09-0583
hawk,h. w 10-0655 12-0787
hawryshyn,craig w 03-0329
hay,david w 03-0351
hayasaka,kiyoshi 02-0123 07-0098
hayashi,hiroshi 12-0619
hayden,t. j. 04-0704
hayek,m g 11-0331
hayer,j. f 11-0195
hayes,j. f 12-0229 12-0243
hayes,john w 05-0285
haynes,james m 04-0510
haynes,n b. 12-0061
hays,w g 10-0635
hayton,w l. 12-0482
head,h. h. 11-0208
healey,m c 04-0529
healey,m. h 10-0063
heaney,d p. 05-0159 11-0688
heap,s. p. 06-0249
heard,william r 11-0641
hearn,m. t. w 03-0043 03-0044 05-0028 11-0055
hearn,milton t. w 04-0069
heath,andrew b. 10-0109
hecht,b. 05-0374
hecht,t. 10-0539 11-0582 11-0583 11-0586
hecht,w 11-0455
heck,j. 04-0425
heckenberger,g 09-0199
hecker,rolf 05-0042
heckmann,richard a. 05-0467
hedrick,r p 08-0421 10-0563 12-0699
heerdt,g 11-0470
heersche jun ,g 12-0175
heeschen,w 11-0082 12-0107
hegde,s. n 04-0031
heger,j. 04-0397
heger,jaroslav 04-004 06-0020 07-0021
heggberget,t. g. 04-0508
heidenreich,hendrik 05-0077
heiderich,annette 05-0559
heidler,w 02-0293
heidler,wolfgang 02-0621 07-0652 07-0654
heil,g 01-0109 05-0069
heiman,m 11-0199
heindel,brigitte 05-0346
heinecke,klaus 12-0382
heinemann,w w 04-0109
heinen,john m. 04-0570
heinke,c 09-0308
heinrich,h 01-0343 02-0086
heinrichs,a. j. 12-022 12-0317
heinrichs,i 04-0172
heinz,d 02-0131 02-0135
heinz,th 02-0130 06-0115 09-0286
heisler,n 01-0427 10-0577

heitmann,a. 04-0565
heitmann,richard n 02-0270
hel,w van der 03-0276 10-0343
helgason,sigurdur 11-0534
helgen,judith c 10-0443
helland,inge s. 03-0003
helland,staale j. 01-0019
hellemann,c 08-0080 09-0541
heller,g. 08-0072 08-0122
heller,krzysztof 03-0217
heller,r 11-0019
hellman,tapani 12-0749
hellmich,r l 03-0537
hellmich 2,richard l. 01-0644
helmer,s. d 01-0673
helmond,f a. 03-0568
helms,ch 03-0459
hemin,w 04-0103
heming,tom 01-0428
hemmerling,ch 08-0489
hemmingsen,a. r 03-0494 03-0500 05-0400
henckel,s. 04-0106 07-0114
henderson,a. r 09-0066
henderson,k. m. 10-0654
henderson,w b. 10-0646
hendricks,j. d 02-0496
henics,z. 11-0248
henk,g. 09-0286
henken,a. m. 01-0586 02-0511 03-0434 03-0454 04-0573 10-0538 10-0540 10-0543 11-0584
henker,w 08-0089
hennebach,h 04-0329
henneberg,uffe 01-0223 04-0222
hennessy,d w 05-0019
hennig,a. 02-0040 02-0055 03-0007 03-0188 04-0023 04-0131 07-0099 07-0130 07-0337 07-0367 09-0112 10-0372 11-0153 11-0231 11-0253 12-0034 12-0447
hennig,u. 05-0009 07-0102
henning,p. h 10-0278
henningsson,thore 12-0212 12-0224
henricks,d m. 01-0215
henry,f 04-0105
henry,mary g 03-0508
henry,y 08-0223
henschen,agnes 10-0079
henschke 02-0570
hentschel,h 07-0575
henze,a. 02-0110 04-0282 04-0295 07-0250
henzel,william j. 07-0031
hera,alfred 06-0072
herbert,f 04-0021
herbert jun ,e w 03-0550 04-0667
hering,g 04-0559
herkner,h 11-0629 11-0637
hermanns,w 03-0497
hermansen,john e 12-0254
hermas,s a. 12-0187
hernandez,a. 08-0230 11-0322
hernandez,alma 10-0222
herodek,sandor 11-0608
herold,horst 08-0350
herold,i. 04-0259
herremans,m 09-0323 10-0359
herrendoerfer,g 02-0300 09-0091
herrendoerfer,guenter 02-0172 11-0309
herrera,r s. 07-0016
herrero,concepcion 05-0414
herrmann,u 04-0029 05-0010 07-0103 11-0143
herrn,r 10-0176
herron,john 12-0197
herron,kathleen m 10-0371
hershberger,w k 02-0488
hersteinsson,pall 08-0461
hertrampf,j. 05-0243 09-0228
hertwig,f 10-0118
hervieu,j 03-0238 11-0295
herzberg,a. m. 06-0360 12-0725
herzog,renate 03-0054
heslop,l. c. 06-0085
hesse,v 02-0315
hesselberg,robert j. 05-0426
hesselholt,michael 12-0011
hessen,dag o. 07-0464 11-0477
hesthagen,trygve 04-0498
heuven,h c m. 12-0168
heveling,gerhard 04-0275
hewedi,m. m. 10-0088
hewetson,david w 09-0054
hewetson,john f 09-0051
heyman,ulf 11-0490
heyman,y 03-0590 03-0593 05-0539 05-0543 05-0551
hibbard,lyndon s 07-0025
hickel,eva 08-0237
hickley,p 06-0286
hickman,j. 05-0503
hicks,sonja e 10-0024
hidalgo,f 11-0602
hider,r c. 07-0632
hidiroglou,m 03-0030 11-0050
higaki,katsumi 05-0533
higueret,p 10-0027
hijikuro,sadanobu 07-0017 07-0023
hildebrandt,g. 06-0059
hildebrandt,h 12-0158
hilfiker,jakob 11-0263
hilge,v 03-0458
hill,dale a. 11-0047
hill,g m 09-0131
hill,w g 04-0156 12-0228
hillers,joe k. 12-0282 12-0283
hillerton,j. eric 06-0164
hilley,h d 01-0284
hillman,donald 12-0287
hillman,r b. 10-0664
hilpert,reinhold 05-0328
hilton,j. 01-0531
hilton,j. w 06-0320 06-0321
hilton,w h 12-0623
hinc,waldemar 09-0132
hinch,g. n 08-0096
hine,p m. 03-0332 03-0345 12-0485
hines,h c 09-0207
hines,t. g 12-0042
hinrichs,k. 01-0686 07-0656 07-0657
hinse,h 02-0197
hinterleitner,s. 05-0265
hintz,h f 05-0502
hinz,p n. 08-0135
hiraga,yayoi 08-0042
hirano,ichie 09-0600
hirata,minoru 01-0551
hirayama,k. 03-0462
hirooka,hiroyuki 04-0163 04-0206
hirose,k. 06-0329 07-0543
hirs,c. h w 05-0038
hirschberg,klaus 12-0023
hisai,tetsuo 01-0551
hischer,k. 02-0300
hischer,karin 11-0309
hisman,j. 04-0348
hjemdahl,paul 08-0059
hjerten,stellan 03-0053
hladky,v 04-0368
hloedversson,robert 11-0324
ho,b 11-0614
ho,kay t y 05-0431
hobe,helve 12-0492
hochachka,peter w 11-0420
hochi,s 02-0636
hochleitner,martin 11-0478
hochman,ladislav 09-0475
hocking,p m. 09-0309 11-0406 12-0190
hodges,j. k. 04-0703
hodgson,m. r 02-0630
hodson,p v 01-0558
hoefig,christa 03-0294
hoegel,e 08-0257 08-0258
hoeges,j. 07-0301 10-0336
hoeglund,lars b 05-0263
hoeier,r 03-0573
hoejrup,peter 07-0035
hoekstra,denise 08-0297
hoekstra,j. a. 04-0181
hoeller,h 09-0246
hoelscher,t. 10-0325
hoerentrup,j. 02-0328
hoerstgen-schwark, gabriele 02-0487
hoffmann 03-0515
hoffmann,h 12-0776
hoffmann,h u 06-0234
hoffmann,l 08-0034 08-0035
hoffmann,m. 07-0237 12-0264 12-0279
hoffmann,p 02-0236
hoffmann,r 03-0330 12-0691
hofmann,helmut 09-0298
hofmann,p. 01-0187
hofmann,theo 03-0018
hofmann,wolfgang 05-0338
hogervorst,frans 07-0047
hogg,john t. 11-0272
hogger,j. b 02-0435
hogstrand,christer 12-0617
hohenboken,w d 03-0080 06-0089 09-0160
hohmann,b 11-0698
hojny,josef 02-0279
hoke,steven h 09-0053
hokland,bjoern m. 08-0026
holcik,juraj 05-0252
holdas,sandor 09-0551
holder,john 10-0528
holdway,d a. 05-0477
holesova,i. 12-0560
holl,s. 04-0346
hollaender,alexander (hrsg.) 09-0061
hollander,robert r 08-0295
hollo,i 04-0140
holm,jens chr 06-0324
holm,jens christian 03-0376
holm,p 07-0646
holmann,frederico j. 12-0174
holmes,c r 11-0181
holmes,w 01-0191
holst,h 02-0614
holst,p j. 02-0267 10-0282
holt,peter s 10-0103
holt,r a. 03-0494
holthe,halgeir 04-0480
holtz,manfred 03-0303
holtz,w 02-0629 04-0699 06-0444 06-0460 10-0666 11-0546
holy,l 04-0591
holy,lubos 06-0451
holy, l 06-0456
holzer-dolf,chr 01-0106
holznagel,renate 11-0672
homberg,elfriede 03-0051
hombrados isabelle 01-0440
homeida,a m. 06-0181 10-0287
hongwen,zhu 07-0567
honig,h 01-0080
honsig-erlenburg, wolfgang 06-0368
hood,r l 04-0015
hooe,michael l 08-0324
hoogerbrugge,a 11-0156
hooijerink,h 04-0071
hoole,d 11-0617
hooper,s. b 07-0227
hope,harry 03-0118
hopfer,e 04-0300 04-0301
hoppe,h 06-0438
hoppenbrock,karl-heinrich 06-0026
hoppenheit,m. 10-0585
horaczynski,h 03-0297 04-0116
hori,yoshinori 12-0081
horikawa,wateru 06-0274
horn,h 07-0469
horn,heidemarie 10-0445
horn,helmut 02-0609 09-0577
horn,p 04-0289 04-0290 04-0317 04-0363
horn,w 01-0499 06-0093 07-0469

horn,wolfgang
10-0445
horne,m. t. 01-0603
hornecka,d. 05-0039
horner,j. l. 12-0284
hornich,m. 01-0120
12-0697
horst,p. 01-0301
10-0383 11-0359
12-0383
horvath,csaba 04-0043
hoshino,sadao
04-0212 04-0214
hoshino,younji
09-0048
hoskinson,roland m.
01-0054
hostettmann,k.
10-0117
hostettmann,m.
10-0117
hotek,w 02-0100
houk,v 05-0331
hove,c. van 11-0473
hovell,f d deb
04-0021
hovell,f d deb
02-0014 04-0016
hovius,m. ph j.
03-0568
howard,b. 09-0305
howell,b r 12-0520
howell,w 01-0674
howick,gregory l
04-0490
howlider,m a. r
11-0398
hoy,st. 06-0239
hrbacek,j. 05-0340
hristic,d 12-0503
hsu,ali 06-0075
hsu,ya-li 09-0520
huang,c. m. 12-0651
huang,mei-hsia a.
10-0090
huang,meis-hsia
03-0550
huang,t. m. 03-0240
hubbell,charles h
08-0104
huber,a. 01-0187
huber,robert 07-0057
12-0077
hudsons,peter 10-0061
huebner,r 06-0092
huebscher,u. 09-0060
huehn,u. 01-0671
02-0288 02-0332
02-0621 02-0646
04-0298 04-0362
07-0250 07-0654
huffman,linda j.
12-0324
hugason,k. 12-0744
hughes,austin l
04-0505
hughes,b o 01-0404
11-0694
hughes,george m.
01-0429
hughes,n f 03-0401
huisman,e. a. 02-0528
03-0457 06-0336
10-0541
huisman,j. 04-0344
huisman,j. 05-0011
07-0101 12-0145
huisman,t. h j.
06-0053
huizinga,h a. 12-0747
hulan,h w 04-0401
04-0411 04-0412
08-0270
hulata,gideon 02-0520
hulbert,philip j.
04-0549
hull,a. b 07-0547
hullar,i. 07-0127
07-0131
humblot,p. 02-0106
05-0093 08-0179
09-0124
hume,jeremy m b
08-0354
humes,p e 05-0530
humphrey,harold e b.
05-0432
humphreys,p. 02-0650
humphries,w r
09-0209
hunbert,w 05-0260
huncik,m. 01-0242
02-0266 02-0268
hung,silas s. o.
06-0330
hunger,ute 04-0326
hunt,james h 10•0607
hunt,janet r 11-0025
hunt,jeremy 10-0259
hunter,k. 12-0103
hunter,m. g 11-0687
hunter,r a. 05-0020
09-0013
huntingford,felicity a.
06-0277 06-0278
huntington,gerald b
04-0098
hunton,p. 05-0200
11-0695
hurk,r van den
02-0510 11-0573
11-0576 11-0577
11-0581 11-0601
hurlbut,jeffrey a.
09-0056
hurley,w l 12-0235
hurnik,gertraude
04-0026
hurnik,j. f 09-0126
hurwitz,shmuel
12-0052
husaboe,j. o 12-0295
huschenbeth,e
02-0537
husein,tahsin saady
02-0387
huszenicza,g. 07-0140
08-0129 08-0130
hutchings,j. a.
01-0444 12-0500
hutchins,james e
06-0070
hutschemaekers,l w
h. 12-0453
huybens,a. 07-0005
huyghebaert,g
07-0368 07-0369
09-0074
hvelplund,t. 07-0112
07-0113
hvelplund,torben
12-0011
hvidsten,n a. 11-0465
hyde,d a. 10-0410
12-0477
hynes,h b. n
05-0343
hynes,julian d
05-0402
hyslop,e j. 06-0294
hyttel,p 05-0525
12-0790
hyttel, p
10-0640
ibragimov,i. 03-0404
ibragimov,i. i.
09-0461 09-0462
10-0501
ibragimov,ju. i.
02-0262
ibragimov,m. a.
01-0373
ibragimov,sh r
08-0422
ibrahim,k. h 02-0526
ichikawa,fumikatsu
03-0085
icking,h. 04-0404
idzhilov,f i. 09-0282
09-0289
ignat"ev,v n 01-0208
ignatenko,o i
09-0233
ignatov,anton 11-0111
igono,m. o 10-0257
igumnova,l v
06-0328
ihllkash,m p 07-0014
ihsachenko,v v
01-0667
ihssen,p e 03-0429
iida,haruka 08-0300
iida,k. 06-0466
iijima,noriaki 10-0409
11-0416
ikeda,kazuo 08-0305
ikeda,yayoi 05-0275
06-0356 11-0632
ikeda,yuji 05-0255
11-0426
iketsu,hirofumi
12-0493
il"chenko,v d
09-0319
il"in,a. i. 09-0454
09-0468
il"ina,i. d 09-0387
il"ina,l v 06-0262
il"inskij,a 09-0159
ilgner j
08-0074
ilic,k. r 01-0455
iliesiu,v 08-0491
iliev,fidosko 09-0248
iliev,todor 01-0251
02-0276
ilieva,jjordanka
12-0150
ilieva, jordanka
10-0038
ilinca,n 11-0677
iliveira,antonio ilson
gomes de 04-0366
iljukhina,l a. 11-0039
illius,a. w 12-0142
ilnicka,elzbieta
04-0650
ilnicka-olejniczak,o
05-0039 05-0082
imada,kazushi 05-0393
imai,tadayoshi
02-0073 02-0077
imamichi,tomonori
04-0038
imangulov,sh a.
01-0399 02-0375
07-0360
imboden,dieter m.
04-0516
imdorf,anton 06-0422
08-0475 08-0476
08-0484
imhof,ulrike 07-0251
imperatriz-fonseca,v
l 04-0654
inada,tetsushi 10-0413
inayama,mariko
04-0191
ingalls,j. r 06-0004
06-0122 06-0123
07-0198
inglis,d m. 09-0250
injidi,m h 02-0373
inman,eugene l
10-0114
innes,g m 04-0017
inskeep,e k. 12-0324
ioncjus,g. 08-0206
ionov,i. 06-0213
11-0371
iosif,bernard 11-0036
irazoqui,h 04-0266
iriki,tsunenori 12-0149
irtuganova,l a.
02-0560
irzyk,jan 04-0673
isachenko,v 12-0788
isaenkov,e a. 02-0036
isaev,georgi 11-0361
isakova,g k. 06-0403
isaksson,arni 11-0461
isar,mariana 11-0335
isar,o 11-0335
ishemgulov,a. m.
09-0130
ishibashi,t. 02-0281
04-0403
ishibashi,yoshimi
05-0533
ishida,k. 11-0413
ishida,yasuo 08-0043
ishii,daido 09-0016
ishizuka,yasuyki
01-0051
ishizuka,yasuyuki
04-0066
ishkov,v i 07-0069
11-0092
iskhakova,m k
11-0279
iskrin,v v 06-0005
islamova,n i. 02-0215
ismailov,a. 02-0238
ismailov,n b 04-0243
ispenkov,a. 07-0377
issyk,v v 02-0144
istasse,l 02-0014
07-0029
isterdael,j. van
03-0271
itami,toshiaki 04-0611
itazawa,yasuo 05-030
ito,fuminari 12-0727
ito,genji 11-0523
ito,m 05-0472
ito,s 11-0172
itoh,n 06-0254
ittawa,i. 04-0580
iuliano,m. f 06-0468
ivan,m. 05-0007
ivan"ska,s. 07-0274
ivanekha,e v
07-0466
ivanickaja,l p.
06-0041
ivanka,ladislav
01-0413
ivankov,v n 04-0484
06-0269
ivanov,a. i 12-0539
ivanov,ceko 04-0668
ivanov,e 12-0183
ivanov,eh v 05-0430
09-0530
ivanov,i. s. 02-0254
03-0209 10-0201
ivanov,ju. a. 03-0558
ivanov,s. v 07-0609
ivanov,stojjno 04-028
ivanov,v a. 09-0169
10-0192
ivanov,v p 02-0399
ivanov,van s. 03-022
ivanov,zdravko s
06-0138 06-0139
ivanova,e 02-0651
ivanova,g v 02-0215
ivanova,m 03-0312
ivanova,m n 06-027
09-0421
ivanova,n 02-0372
ivanova,o v 09-0177
ivanova,simonka
05-0115 12-0258
ivanova,v 10-0475
ivasechko,m v
06-0111
ivashhuk,i 08-0204
iwai,kazuo 07-0059
iwai,toshio 08-0385
iwaki,kazuo 08-0042
iwamoto,r n 02-048
iwanova,n 01-0171
iwanow,p. 01-0225
iwanow,petko 02-027
iwasaki,k. 02-0223
iwaszkiewicz,
mieczyslaw
05-0362
iwata,kazuo 05-0446
iwata,munehico
05-0398
iyer,s k. 06-0069
izawa,toshio 05-0393
05-0396
izjumov,ju. g. 06-026
izotova,s. p. 12-0737
izume,kazuhiro
11-0548
izumi,takayuki 06-038
izvekova,e i 01-0521

jaani,ago 02-0447 08-0341
jablanski,canko 05-0171
jablonska,jolanta 02-0250
jablonski,boleslaw 01-0655
jablonski,kazimierz 09-0542
jablonskis,s 11-0459
jackisch,brigitte 06-0225 12-0451
jackisch,l 06-0225
jacko,n a. 03-0171
jackson,n 08-0269 08-0271
jackson,p d 07-0307
jackson,starr e 11-0407
jacob,francois 07-0124
jacobi,h 11-0096
jacobsen,ingeborg 08-0114
jacobson,n l 12-0042
jacques,a 12-0378
jacques,k 11-0389
jaeger,k 12-0354
jaehne,m 12-0201
jaehnichen,h 12-0655
jagupova,g 03-0313 05-0240
jahn,s 11-0327
jahn, d agmar 09-0261
jahreis,g 02-0315 02-0327
jakimchik,b 07-0377
jakob,d 02-0294
jakob,m 09-0294 09-0297
jakobe,p 02-0048
jakobsen,per johan 08-0376 10-0444
jakolenko,b v 06-0315
jakovenko,b. v 03-0410
jakovlev,a. a. 12-0192
jakovlev,a. s. 06-0423
jakovlev,l a. 07-0220
jakovleva,ju. a. 09-0158
jakubec,v 09-0316
jakubicka,ivor 10-0600
jakushev,v ju 12-0711
jakusheva,e i. 12-0766
jakushin,v m. 05-0315
jamer,bronislaw 09-0076
james,c m. 04-0587
james,k a. c. 01-0011 12-0001
james,l b. 07-0032 10-0073 10-0074
james,paul w 04-0464
james,r e 12-0274 12-0275
james, c.h m 04-0586
james, l b 12-0069
jamroz,d 06-0235
jamroz,dorota 01-0385 10-0397
jamroz, d orota 11-0138
jamrozik,janusz 09-0170 10-0216
jana,b b 12-0548
jana,r k 02-0526
jancic,s 07-0245
janeczek,witold 03-0524
janeczko,anna 05-0378 05-0379
janic,marija 02-0514
janicic,s 08-0198
janicki,jan 05-0160
janik,andrzej 02-0279
janiszewska,jolanta 04-0650
janiszewska,maria 01-0410 09-0368
jankavichjute,g ju 09-0435
jankela,j. 03-0022
jankovic,draga 01-0453 05-0345 12-0515
janousek,josef 08-0478
janovich,v g 01-0188
jansen,g b 03-0125
jansen,j. 04-0141 11-0164
jansen,w 04-0559 09-0483
janson,kerstin 11-0475
jansone,m. k 06-0134
janssen,helene 07-0047
janssen,john 08-0297
jantosovic,j. 01-0383
januszko,maria 07-0515
janzen,e d 04-0162
jarmak,v s 11-0160
jarmatz,klaus 11-0452
jarnov,a a 01-0003
jarnykh,e v 11-0685
jarosc,stanislaw 08-0443
jarosz,jan 01-0639
jarosz,stanislaw 08-0442 08-0450 08-0451 08-0454 09-0543
jarotnik,a 08-0246
jarov,i. i 02-0321
jarovojj,s a. 07-0190
jarrige,r 06-0099
jarvet,arvo 08-0406
jarvis,a. c 10-0430
jarzhombek,a. a. 06-0252 07-0569
jashhenko,m. f 10-0342
jasinska,ewa 09-0162
jasinski,zygmunt 04-0663
jasiorowski,h a. 11-0192
jasiorowski,henryk 09-0193 12-0193
jaskowski,jedrzej m 09-0132
jasper,stephen 04-0523
jaster,e h 11-0008
jastrebcov,a v 07-0645
jatchenko,e a 01-0432
jaume,c m 10-0204
jauncey,k 04-0546 06-0339
javonenko,a. f 03-0410 06-0315
javor,a 04-0259
javorskijj,v s 07-0620 07-0621 09-0565
jayaraman,j. 07-0413
jeanne,robert l 10-0607
jecsai,j. 07-0020
jedruszuk,andrzej 09-0589
jeet,swarn 09-0521
jeffrey,k a 06-0363
jegorov,g. je 06-0097
jelenski,marian 04-0675
jelinek,jaroslav 07-0617
jelinski,marian 08-0494
jennerich,h -j. 01-0569
jennerich,sabine 01-0556
jens,guenter 02-0454 02-0547
jensen,a h 12-0401
jensen,a. j. 01-0504 04-0500 04-0508
jensen,f b 02-0564
jensen,frank b 10-0577
jensen,niels e 04-0644 12-0327
jensen,p 01-0275
jentsch,w 08-0033 08-0034
jeppesen,erik 10-0452
jeremic,svetlana 01-0601
jerez,irma 11-0244
jerez,m a m 08-0161
jeroch,h 03-0295 04-0361 06-0021 06-0215 06-0221 06-0222 07-0129 07-0340 09-0106 09-0344 09-0349 11-0385 12-0451
jeroch,heinz 11-0384
jespersen,anne-mette 11-0511
jessop,n s 11-0028 11-0052
jeszke,m. 02-0089 02-0539
jewell,s. 02-0573
jezewska,grazyna 08-0452 08-0453
jezierski,j. 01-0634
ji,rongxing 09-0519
jiag,wang 02-0424
jikun,wang 07-0512
jimenez,r 12-0740
jinks,steven m 04-0460
jiuxiang,du 08-0380
jjordanova,irina 11-0049
jjorov,ivan 01-0631
jjoshev,ljuben 04-0537
jo,yasuhiko 06-0372
jobling,m 04-0550 05-0271
jochimsen,h 02-0310
joechle,w 11-0089
joergensen,bente 11-0303
joergensen,h 05-0185
joergensen,p e v 06-0373
joerstad,knut e 02-0531
johannesson,bjorn 12-0536
johannsen,u 11-0242
johansen,c a 09-0587
johar,k s 05-0099
john,a. 04-0256
john,p a 09-0419
johns,d c 01-0011 04-0407 08-0028 12-0002
johns,j. i. 12-0255
johnsen,b o 04-0500 04-0508
johnsen,geir helge 08-0376 10-0444
johnson,a. l 09-0622
johnson,b h 04-0705
johnson,d l 02-0170 08-0429
johnson,eugene t 09-0053
johnson,h d 10-0257
johnson,k r 02-0498 09-0479
johnson,l a. 11-0105
johnson,l p 08-0126
johnson,lorna d 12-0096
johnson,m 12-0743
johnson,orlay w 02-0502
johnson,phyllis e 11-0025
johnson,r g 03-0246
johnson,r j. 03-0292
johnson,robert l 04-0473
johnson,steven l 05-0399
johnson,t j. 08-0502
johnson,urban 07-0523
johnsson,i. d 04-0094 12-0058
johnston,c. e 08-0375
johnston,p i 05-0018
jokuszies,gabriele 12-0070
jonassen,j. a 04-0230
jones,a. r 06-0090
jones,b.san 06-0068
jones,d g 09-0249
jones,d w 04-0245
jones,evan e 10-0016
jones,g e 07-0107
jones,g j. 04-0657
jones,g m 10-0151
jones,g p 04-0198
jones,helen m 06-0052
jones,jeff 08-0308
jones,keith a. 07-0596
jones,lawrence r 09-0207
jones,p c 09-0128
jones,r b 07-0094
jones,r c. c 01-0308
jones,r m 08-0110 08-0111 08-0112
jones,s d m 03-0160 03-0598 06-0191
jones,s r m. 07-0584
jones,suzanne r 07-0438
jones,thomas w 01-0534
jong,felice a.de 09-0007
jong,maarten d de 01-0043
jongbloed,a. w 12-0043
jonsson,b 06-0284
jonsson,bjarni 11-0540
jonsson,bror 07-0419 11-0526
jorand,jean-paul 02-0596
jordan,d r 11-0450
jordan,h 04-0199
jordan,p 03-0407
joshi,a g 04-0204
josko,ferdynand 08-0479
jouany,j.-p 02-0005
joubert,j. h b 05-0336
jourdian,george w 08-0054
jovanovic,m j. 10-0221
jovanovic,z 10-0638
jovinski,l 04-0138
joy,k. p 10-0547
joyal,s m. 06-0191
ju,haai-perng 09-0508
juario,j. v 04-0575
jude,david j. 01-0451
judin,v 11-0639
judin,v k. 10-0599
juegst,h 12-0384
juerss,karl 08-0303
juga,j. 11-0686
jugina,a. d 11-0239
juhasz,b 07-0020
jukhimenko,l n 07-0571
jukna,ch v 02-0229
julian,r j. 04-0393
juma,k. h 10-0183 11-0274
jun,li 08-0381 08-0382
junci,he 07-0574
juneja,r jumar 01-0276
jung,elisabeth 02-0218

jung,h 07-0271
09-0290
jung,hans-joachim g.
07-0001
jung,klaus 12-0023
jungbluth,t. 06-0086
junge,w 10-0242
12-0222 12-0285
junger,h 11-0430
junghans,uwe 03-0215
jungmann,g. 06-0205
juniewicz,p e
12-0188
junlie,luo 02-0509
jupalfijj,f 01-0207
jupp,b p 05-0349
jura,jacek 05-0520
jurchenko,s. 06-0151
jurchenko,s. g.
12-0165
jurene,b p. 01-0153
jurin,m. i 08-0235
jurukow,d 04-0656
just,a. 08-0023
jusupov,f r 02-0028
jusupov,r r 12-0466
jusupov,sh ja
04-0227
juszkiewicz,teodor
02-0091
juying,hu 05-0286
kaattari,stephen l
05-0266
kabakchiev,marin
06-0206
kabanov,v 08-0200
kabanov,v d 07-0259
kabat,ladislav 12-0402
kabata,z 07-0588
kacem,n hadj
12-0717
kachan,s. n 10-0567
kacheva,dimitrina
06-0465 07-0648
kacperska,bozena
05-0387
kacperska,malgorzata
04-0170
kacsor,l 05-0433
kacy,g. d 01-0137
08-0148
kaczmarczyk,jan
07-0280 10-0034
kaczmarek,antoni
10-0182
kadam,santram s.
07-0120
kadijjski,elenko
05-0115 12-0258
kadlecik,o 04-0178
kadnikova,g. 07-0350
kadochnikov,a ju
06-0439
kadow,u 12-0219
kaempfer,christopher
08-0390
kaendler,ursula
12-0098
kaeriyama masahide
09-0490
kaessemodel,m
06-0238
kaessmann,jan
05-0065
kahn,h e 12-0225
kahnev,mitju 06-0193
08-0239 10-0338
11-0319
kaim,m. 04-0197
12-0286
kainz,erich 01-0476
09-0427
kairesalo,timo 10-0432
kaiser,eckhard
02-0178
kaiser,hannelore
07-0649
kaji,yuji 01-0113
07-0018 09-0010
09-0011
kajiwaki,toshihiko
04-0611
kajjtazov,georgi
06-0230
kaker,m. l 01-0676
kakizaki,hiroshi
09-0490
kakuta,izuru 06-0316
10-0417 10-0418
11-0415
kal"nickaja,v d
03-0170
kal"nickijj,b d
01-0328 02-0027
02-0204 02-0314
04-0052
kalac,p 03-0097
kalas,jozef 11-0255
kalashnik,v i. 07-0541
kalashnikov,a. p
07-0080 11-0132
kalashnikov,ju. n
09-0450
kalavati,c. 04-0613
kalbe,l 05-0436
07-0479
kalbe,lothar 11-0500
kalchreuter 03-0173
kalenjuk,v f 07-0272
kalff,jacob 03-0389
04-0521 06-0305
08-0339 10-0441
kalghatgi,krishna
04-0043
kaliev,g a 11-0266
kalinich,r a. 02-0409
09-0495
kalinin,v v 10-0253
kalinovskaja,z i
09-0186
kalinovskijj,v 09-0186
kalishevskaja,t. m
04-0455
kaljuzhnyjj,v a.
10-0593
kallas,l ja. 03-0107
kallenberg,c -h
02-0157
kallweit,e 02-0302
10-0312 11-0273
12-0418
kalm,e 10-0242
10-0325 12-0222
12-0285 12-0748
kalnickij,b 01-0190
kalous,m. 04-0176
kaltenboeck,b
05-0121
kalugin,j.
a
0 5-0492
kamar,g a. r
07-0389
kamara,mamadu
07-0333
kambegov,b d
03-0528
kamei,masugu
08-0058
kamei,yuto 05-0453
kamieniecki,henryk
04-0170
kamieniecki,kazimierz
01-0174 01-0179
09-0171
kaminogawa,shuichi
07-0041
kaminski,julian
12-0340
kaminski,stanislaw
01-0213
kamiya,h 05-0472
kamiyoshi,michiharu
01-0045
kammerad,b 04-0534
kampa,a. 04-0534
kamphues,j. 04-0051
kamshilin,i. n
09-0440
kamyczek,marian
03-0243
kamyrov,a. 02-0241
kanagawa hiroshi
06-0450
kanai,kinya 05-0440
kanamaru,h 11-0424
kanarik,u k. 02-0357
kanda,takeshi 05-0303
kandiba,v m. 11-0222
kane,perter f 10-0069
kaneene,j. b 07-0651
kaneko,t. 11-0003
kanhai,j. 10-0025
kanid"ev,a n
09-0486
kaniok,roman 04-0405
kanis,e 12-0381
kanka,j. 01-0579
kann,edith 05-0438
kanno,choemon
04-0042
kano,t. 05-0447
kantorek,j. 06-0307
kapelle,j. 11-0128
kaphengst,paul
03-0087
kapko,p 08-0205
kapkowska,ewa
10-0376
kaplan,radoslav
10-0050
kaplanova,n f
06-0264
kapounova,sarka
09-0346
kapur,k 12-0589
kapuscinski,anna r d
02-0486
kapustkina,n i.
09-0544
karabanov,a m
10-0332
karabanov,e b
06-0257
karaev,r m 12-0654
karagojjshiev,k. k.
10-0592
karaivanov,khristo
06-0447
karam,dakhedzh
10-0545
karasawa,yutaka
03-0026
karasek,i. e 10-0620
karasev,v s. 01-0435
karasina,f m 01-0598
karasinski,d 09-0366
karasov,william h
04-0001
karg,h 10-0062
11-0002 11-0217
karimov,b n 09-0561
karipov,b. n 11-0125
karl,h 12-0730
karlberg,knut 01-0687
karlikov,d v 09-0130
09-0152 09-0164
12-0196
karlov,v i. 02-0423
karmelita,m. 12-0374
karpenko,a a.
08-0440
karpenko,g 10-0534
karpenko,l 08-0255
karpenko,v i. 02-0433
karplus,martin
07-0057
karpov,v m 12-0780
karpunina,n v
03-0412
karpuszko,marzenna
05-0175
karras. k. 09-0140
karren,d b 10-0203
karunajeewa,h
01-0370 05-0209
11-0046
karunskijj,a i
06-0194
kas"janov,a n
03-0359 09-0410
kasahara,shogoro
06-0346 09-0507
11-0634
kasalica,t 08-0236
kasatkina,a 10-0483
kaschab,s el 11-0273
kashi,yecheskel
10-0180
kashina,l i 01-0513
01-0523
kashirina,l g. 12-0126
kashiwagi,masaaki
08-0385
kashkovskijj,v g
05-0506
kasimov,m a 09-0491
kasperczyk,jolanta
08-0443
kasprzak,peter
05-0339
kasser,thomas r
02-0009
kasumjan,a. o
09-0416
kasymov,a g 08-0344
kasymov,s a 10-0172
kasymov,s a. 10-0189
kaszewska,zofia
03-0186
katagiri,seiji 08-0504
katavic,i. 03-0466
katcina,eh v 05-0102
kato,masanobu
03-0168
kato,noriaki 10-0562
kato,yoshio 07-0033
katoh,y 03-0580
katrechko,l i.
11-0013
katreckijj,ju a.
07-0458
katroshenko,a i
09-0233
kats,lee b 03-0371
kattakhodzhaev,m.
07-0243
katz,h m 05-0308
katz,stanley e
10-0113
katzer,f 08-0184
kauffman,e w
10-0100
kauffold,marlene
07-0655
kauffold,p 06-0449
07-0147 08-0513
kaufman,seymour
09-0029 09-0032
kaufmann,t e g
11-0122 12-0298
12-0299
kaushik,sadasivam j.
10-0530
kavaljauskene,ja
11-0497
kawada,michio
04-0458
kawahara,eijiro
10-0556 10-0559
11-0613
kawai,kenji 04-0610
05-0448 05-0449
kawamura,hiroshi
06-0296
kawashima,nitsuo
01-0045
kawauchi,h 10-0526
kawczynska,maria
05-0109
kay,j. 05-0279
kay,r n b 04-0260
kayama,mitsu 01-0551
03-0433 10-0409
11-0416
kayama,r 02-0171
kazachenko,n g
07-0590
kazakov,b e 12 0703
kazakov,r v 06-0270
06-0325
kazakov,v 01-0378
08-0272
kazakova,t. 03-0321
kazakova,t. i 10-0598
kazanovskijj,s a
01-0229
kazarbin,d r 12-0190
kazarjan,n s 01-0079
kazlauskene,n
11-0440 11-0441
keagy,e m 10-0020

keerberghen,g. van
03-0124
kehl,w 12-0162
kehr,k 07-0081
07-0082
keil,h -w 07-0659
keinert,k 12-0421
keith,m. o 04-0121
04-0349 04-0351
07-0123
keiz,guenter 02-0455
keleher,christopher j.
04-0510
kellaway,r c 01-0004
01-0015 01-0205
keller,h 08-0247
keller,martin 07-0555
keller,sieglinde
08-0196
kelley,c d 02-0529
06-0343
kellner,h -m 10-0051
kellogg,robert l
04-0460
kelly,c a. 01-0493
01-0494 05-0352
kelly,m. f 04-0704
kelly,paul a. 01-0048
kemenes,m. 07-0185
kemezha,v p
07-0590
kemoklidze,sh
12-0433
kemp,a 06-0161
kemp,b 05-0184
06-0198
kemp,christopher j.
08-0299
kemp,j. d 11-0342
kemp,r a 04-0153
11-0197
kemp,w m. 01-0534
kempa,zenon 12-0569
12-0570 12-0572
kempe,e j. 05-0477
kempster,a. j. 01-0695
04-0245
kempton,t. j. 01-0004
kenchington,t. j.
06-0293
kenmur,dale 01-0572
kennaway,d j.
04-0231
kennedy,a. d 11-0276
kennedy,b w
04-0318 06-0191
10-0324
kennedy,c r 12-0706
kennedy,d a. 10-0041
11-0021
kennelly,j. j. 04-0101
10-0006
kenney,r m. 01-0686
07-0656
kenny,f j. 04-0096
kent,m. l 08-0421
11-0618
kenzhin,b a. 06-0314
kepena,ladislav
08-0480 11-0659
kerdijk,h n 05-0423
kerem,bat-sheva
06-0443
kerimbaev,a k.
03-0558
kerimov,d a. 10-0207
kerr,sheila g c
08-0095
kersten,a. m. p.
03-0086
kersten,c 04-0615
kersten,m 06-0353
kersten,u. 09-0297
kertz,a. 10-0202
kese,a. g. 01-0405
keshavarz,k. 01-0402
kesner,j s. 12-0365
kessler,w 04-0674
kesting,sabine 09-0286
kesting,u 05-0181
12-0416
ketcheson,j. e
11-0612
ketels,e 07-0365
07-0368 07-0369
09-0074
ketting,f 01-0143
kettner brigitte
01-0656 01-0657
keusenhoff,renate
10-0232 11-0226
key,caroline 05-0070
khabibullin,i kh
07-0088
khachapuridze,eh
09-0083
khachatrjan,m. s.
03-0148
khachaturov,e n
11-0685
khadanovich,i. v
03-0273
khadzhinikolova,liljana
03-0418
khajjdarov,i. sh
12-0732
khajjdarov,m kh
12-0331
khakhulin,n 03-0315
khakimullin,a. a.
06-0331 09-0399
khalaf,azwar f
10-0421
khalil,m h 07-0612
07-0613
khalilov,m. m 11-0139
khalilov,r t 10-0274
khallaf,elsayed a.
02-0429
khamicaev,r s.
09-0235
khamicaeva,m. p
04-0144
khan,a. a. 08-0036
khan,a. l 10-0362
khan,a. u 06-0355
khangarot,b. s
07-0553 10-0548
12-0678
kharchenko,t. a.
09-0380 12-0561
kharitonov,v v
08-0379
kharitonova,l f
07-0633
kharitonova,n n
07-0462 08-0363
kharitonova,o v
02-0027 02-0204
kharko,d f 11-0200
khasaeva,eh g
07-0544
khavinzon,a g
07-0277
khazin,d a. 04-0125
khaznadar,n 09-0078
kherem,kh -ja. eh
12-0625
khidirov,i. 12-0184
khien,tah kuan
12-0036
khilden,m. 06-0308
khimich,v v 08-0115
12-0017
khimich g 08-0194
khinkovski,ceno
06-0172
khlusova,z 05-0194
khmara,p ja 10-0619
12-0763
khmel"kov,k. n
05-0066
khodzher,l ch
08-0379
kholma,a. ja. 06-0126
kholmamatov,k.
09-0596
kholodkovskaja,e v
04-0618
khomjakova,m. p
03-0182
khomov,v 08-0250
khorassani,m s z
08-0169
khorchani,t 10-0122
khorev,m 08-0203
khorevin,l d 09-0489
khorishko,v n
07-0117
khovanova,elizaveta
02-0497
khovanskikh,a. e
04-0659
khramcova,eh m.
04-0641
khramov,v a. 10-0070
khrappa,v 05-0221
khrenov,a. a. 08-0212
khrenov,n m.
07-0179
khristov,aleksandahr
02-0214 05-0196
khrustalev,e i.
12-0626 12-0627
khudolejj,g a.
07-0580
khvojjnov,anastas
03-0487
khvorost"janov,m ju.
10-0535
kichenmann,verena
08-0484
kicka,m a. 07-0389
kidalov,v p. 04-0184
kidd,robert b
05-0402
kiehm,d j. 03-0570
kiehn,j. 04-0128
kiel,h j. 12-0162
kiener,t. 08-0229
kienzle,karl heinz
01-0625
kierczynska,m.
03-0088
kiernan,n e 12-0317
kies,a. k. 07-0106
12-0025
kieser,r 01-0447
kietzmann,m 10-0160
kiiskinen,tuomo
09-0334 09-0348
kijashko,v i 06-0288
kijima,a 02-0470
11-0590
kijowski,jacek 12-0801
kikuchi,masatake
03-0168
kikuchi,mikio 10-0581
kikuchi,yoshinori
09-0048
kikushkin,n 01-0264
kil"pa,a. v 12-0342
kilambi,r v 04-0499
kilgour,r 04-0270
12-0248
kilic,a 10-0387
11-0393
kilimar,s 04-0145
killeen,i d 02-0267
kim,a. s. 02-0203
kim,h 10-0096
kim,h n 04-0685
kim,k. 08-0047
kim,n 06-0047
kim,r m. 06-0110
kim ren,kh a
08-0040
kime,r w 04-0669
kimmich,karl-heinz
02-0605
kimura,takahisa
05-0452 07-0572
07-0576
king,g j. 12-0782
king,j. w b 12-0249
king,judy a. 01-0047
03-0344
king,margaret e
09-0250
king,w a. 05-0527
12-0118
king,w r 11-0291
kinsella,john e
10-0029
kinsky,radslav g.
01-0689
kirby,a. c. 03-0002
kirchesch,volker
02-0450 05-0439
kirchgessner,m.
01-0036 01-0040
01-0338 01-0547
02-0054 02-0209
02-0472 03-0059
03-0300 03-0419
05-0105 05-0118
05-0119 05-0187
07-0273 08-0019
09-0345 10-0228
10-0387 11-0054
11-0122 11-0206
11-0220 11-0246
11-0288 11-0337
11-0340 11-0393
12-0027 12-0028
12-0298 12-0299
12-0306
kirchner,monika
01-0103 07-0221
kirchner,wolfgang h
09-0573
kirichenko,a. 11-0372
kirilenko,n s 07-0542
kirilenko,v n
10-0087
kiriljuk,o p 04-0459
kirillenko,s. k
10-0621
kirillov,a. 07-0350
kirillov,a. f 12-0532
kirilov,m p 02-0221
05-0125 05-0128
11-0039 11-0238
kirilov,nasko 11-0670
kirilova,n i 02-0221
kirk,e a van 09-0612
kirk,jennifer a
01-0042
kirkwood,r n
06-0042 07-0255
12-0367 12-0369
12-0781
kirleis,a. w 01-0115
kirov,marincho
06-0202
kirpichnikov,v s.
01-0552 02-0469
06-0263
kirpicikov,v s
12-0465
kirsch,r 05-0260
kirschner,h 03-0244
07-0249
kirschner,leonard b.
05-0264
kirschnick,guenter
05-0143
kirstukas,i. p. 04-0462
kirszenbaum,m
06-0453
kirton,a. h 06-0470
kisacova,anna 09-0184
kiselev,a. 08-0245
09-0310 10-0506
kiselev,a. f 01-0027
kiselev,a. n 01-0350
kiselev,l 02-0344
kiselev,v 07-0313
07-0320
kiseleva,l a. 09-0451
kisner,v 01-0260
kissil,george w
09-0398
kistler,david 03-0384
kita,akira 03-0447
kita,k. 08-0265
kitamura,takaya
06-0292 06-0379
kitao,tadatoshi
05-0446
kitaoka,shozaburo
09-0024
kiticyna,l. a. 07-0505
kitoroga,a. k. 02-0545
kitts,d d 10-0025
kiva,a. 02-0380
kiva,m ju. 11-0043
kiwuwa,gabriel h
03-0108
kizhlo,v p. 06-0134
kjaer,sven a. 12-0320
kjellberg,goesta
11-0466

kjoennoey,magne 10-0583
kjos,n p. 01-0085
klabukova,l n 02-0065 02-0326 03-0269
kladovshhikov,v f 04-0632 12-0738
klapper,h 05-0435
klapwijk,s. p 03-0473
klar,gerald t. 05-0478
klasing,kirk c. 10-0019
klata,wieslawa 06-0140 06-0141
klatt,g 09-0294 09-0296 09-0297
kleber,hans-peter 05-0027
klecka,gary m 04-0600
kleckner,robert c 03-0362 03-0365 03-0367
klein,andrzej 11-0084
klein,b. 05-0035
klein,f w 01-0694 05-0230
klein,f -w 10-0040
klein,k k. 12-0195
klein,m 08-0035 11-0455
klein,w 10-0123
kleinert-giovannini,a. 04-0654
kleingeld,d w 01-0586
klejjmenov,n i 01-0005
klemetsdal,g 12-0743
klemetsen,anders 04-0480
klemke,andrzej 04-0170
klenus,v g. 07-0477
klepper,r 11-0399
klerman,a. k 02-0410 09-0392
klewiec,jozef 03-0204
kleyn,k. 04-0558
klibadze,v 02-0363 04-0388 07-0366
klibadzs,v 01-0365
kliment,j. 04-0302
klimont,stanislaw 10-0628
klimov,v a. 10-0235
klindt,john 04-0321
klinkhardt,manfred b. 11-0551
klis,j. d van der 05-0182
kllapi,afroviti 01-0096
klochkov,d v 07-0252
klock,barbara 07-0282
klompe,marjolein 10-0032
kloosterman,a a m 04-0032
klopov,m. 02-0344
klos,ju s. 04-0175
klostermeyer,h 01-0173 04-0180
klotz,g 03-0017
klotz,g. 03-0023 10-0017
klovach,n v 05-0394
klueber,j. 03-0057
kluenter,anne-marie 10-0064
kluesserath,d 01-0258 04-0279
klug,e 08-0091
klug,f 03-0115 07-0133
kluge,ch 11-0507
klupczynski,janusz 01-0182 10-0181
klupp,r 06-0322 08-0373 08-0374
klyszejko,bernard 11-0517 12-0722
klyve,l. 06-0284
klyve,leif 04-0474
kmet",vladimir 02-0208
kmost"ak,svatomir 12-0087
knabe,o 07-0070
knabe,peter 04-0225
knap,p w 01-0300 06-0101
knape,g 09-0099 11-0133
kneib,ronald t. 04-0465
knezevic,borivoj 04-0478
kniehl,k. 06-0246
knight,t. w 05-0148
knight jun ,luther a 04-0512
knights,g. i. 07-0121
knights,p t 07-0122
knjazev,i. v 05-0373
knjazeva,l m 05-0401
knoesche,r 03-0423 08-0434
knorr,regina 01-0386
knott,w 02-0305
knowles,francis c 04-0451
knowles,roger 07-0452
knox,michael j. 11-0067
knupp,g 03-0061 12-0115
knust,r 02-0571
knutson jun ,arthur c 12-0672
kobajasi,t. 12-0636
kobata,akira 08-0050
kobayashi,kunio 10-0578
kobayashi,makito 01-0544 11-0552 12-0660
kobayashi,tsuneo 01-0051
kobayashi,yasuo 04-0212 04-0214
kobegenova,s. s 09-0386
koblanski,jerzy 01-0090
kocarev,v e 01-0248
kochetkova,n p 09-0135
kochlashvili,t. i. 02-0580
koci,s. 05-0216
kociova,z. 05-0216
kocjuruba,a. v 04-0036
kocwin-podsiadla, marie 08-0211
kodama,hiroshi 12-0432 12-0689
koeck,helga 06-0148
koegel,s. 11-0316
koehler,a. 08-0076
koehler,b 02-0042
koehler,p 08-0367
koehler,r 04-0024 04-0028
koehler-samoulidis,g. 01-0282 04-0297
koehn,r 02-0141 12-0164
koenig,i. 02-0647 07-0649 07-0658 08-0513
koenig,john p 09-0586
koeniger,n 02-0610 06-0434
koenings,j. p 03-0488
koeppler,juergen 05-0189
koerber,r 01-0033
koerner,theodore a. w 08-0048
koerting,w 03-0497 08-0409
koertje,karl-heinz 01-0426
koevari,l 04-0700
koevessy,m. 07-0238
koffmane,hans-joachim 12-0279
koga,kaoru 06-0009
koh,t. j. 03-0569
kohbara,jun 11-0419
kohler,w 01-0344
kohli,e 06-0098
kohlisch,a. 03-0559 03-0560
kohlsdorf,m 07-0469
kohmann,fritz 11-0510
kohno,hiroshi 04-0576
koide,nabuhisa 06-0383
koiller,m. 06-0340
koizumi,toru 01-0107
kojima,hiroshi 05-0398 06-0251
kojima,tomoko 03-0335
kojima,y 11-0003
kojumdzhiev,slavcho 11-0107
kokes,jiri 04-0493
kokhanov,b t 06-0395
kokhanova,g d 07-0485
kokorev,v a 06-0033
kokorina,eh p 02-0187
kokova,v e 12-0668
kokunin,v a. 04-0036
kolat,stanislaw 01-0199
kolb,e 09-0283
kolb,maximilian 04-0599
kolbasin,n 01-0261
kolbeinshavn,arne 04-0622
kolcun,tadeusz 10-0199
kolen"ko,v v 10-0035 10-0039
koljadenko,v n 02-0413
koljonen,marja-liisa 02-0489
kolkin,s. 10-0495
kollert,monika 04-0313
kollmer,w e 03-0032 10-0048
kolodjazhnaja,s. 05-0208
kolomin,ju. m. 12-0574
kolos,a. 07-0371 09-0357
kolouch,frantisek 12-0087
kolpakova,v a. 12-0547
kolta,m n 11-0200
koltai,l 03-0561
koltykov,n i 05-0198
kolushev,nedjalko 01-0289 04-0304
komarkova,j. 02-0475
komarov,v n 10-0173
komatsu,shichiko 05-0398
komender,p 04-0314 04-0315 07-0264 07-0265 09-0316
kominek,a. 03-0402 12-0560
komisarczuk,sylvie 04-0004
komissar,a. d 07-0629
komissarchik,t. z 04-0636
komissarov,n p 05-0162
komov,v t. 09-0392 12-0483
kompa,marianne 04-0319
kompan,d 02-0163
konagaya,tuneo 11-0457
koncevaja,n ja 10-0467 12-0577
konchic,v 10-0502 10-0503
kondo,sadao 10-0116
kondracki,stanislaw 07-0282
kondrashova,n i 09-0152
konecny,s 05-0110
konggaard,s p 11-0241
konishi,h 07-0395
konjushenko,n 10-0504
konkle,blake r 03-0373
kono,michiko 04-0456
kono,michiko 04-0457 04-0581 11-0432
kononenko,g. z 09-0220
kononenko,n v 04-0143
kononov,v p 09-0077 11-0307
konopleva,a. 04-0408
konopleva,a. p 11-0365
konopleva,v i. 04-0386
konosu,shoji 01-0564
konovalov,ju. d 06-0253
konovalov,v 04-0433
konrad,m. 01-0608
konrad,s. 07-0079 07-0263
konstantinov,a s. 05-0272 06-0314 07-0599 09-0450
konstantinov,konstantin v 01-0172 06-0138 06-0139
konurbaev,u. 02-0252
koon,j. l 09-0359
koong,k. j. 02-0024
koong,l j. 01-0025
koops,h. 07-0402
kopczewski,antoni 04-0633
kopecky,otakar 03-0255
kopelove,alan b 10-0068
kopernicky,jan 10-0617
kopiejewska,wieslaw 12-0497
koppany,a. 04-0700
koppel,j. 12-0030
koptelov,g v 09-0538
koptev,v s. 11-0662
kopylov,p. 09-0230
korall,herbert 03-0543
koreeda,yukio 02-0551
koreleski,j. 01-0392 03-0301 06-0220
korermann,h 01-0189
korf,h -w 09-0385
korman,kazimierz 03-0212
korn,s. 10-0275 10-0276
korn,st. von 08-0094 12-0333 12-0334
kornegay,erwin t 12-0038
kornemann,ute 08-0108
kornienko,g g 12-0499
kornm,st. v 01-0161
korobkova,t p 06-0041
korolev,a 07-0343 09-0256 10-0518
korostelev,v 08-0261
korovchinsky,n m 01-0521
korovin,v 10-0477
korpakova,i g 12-0679

korpelainen,helena 03-0395
korshunov,p 11-0683
korshunova,g f 05-0066
korshunova,o a 10-0142
korthas,g 01-0415
kortz,jerzy 04-0707
korwalan,p 08-0084
kosa,l 04-0263
kosar,jiri 05-0138
kosarev,m. n 07-0639
kosarev,v e 11-0306
kosaurov,a m 10-0358
koschel,rainer 11-0506
kosharov,a. n 04-0653
koshel",p 08-0200
koshel",p p 07-0259
koshher,i. m 03-0469
koshman,s i. 01-0208
kosi,g 04-0592
kosilov,v i 07-0156
kosimov,r b 10-0268
kosjakova,g p 10-0189 10-0190
kosla,t. 02-0090
kostanjan,a 09-0343
kostava,zlatka 09-0361
kostecki,paul t. 06-0366
kostecki,ryszard 04-0675
kostenko,s. a 10-0618 12-0762
kostjanojj,v 01-0269
kostjunichev,v v. 05-0401
kostomakhin,n m 09-0137
kostova,zlatka 06-0232
kostrzewa,zbigniew 08-0474
kostylev,v a. 09-0472 10-0482 11-0562
kosutarak,pairat 06-0313
kosutzky,josef 11-0360
koszewski,n j. 03-0049
kotal,v 01-0121 02-0070
kotdjukova,t. a. 12-0405
koter,mieczyslaw 06-0160
kotilko,v v 05-0134
kotljar,e 09-0331
kotljar,n i. 09-0379
kotlova,a. b 09-0121 09-0136
kotowski,karol 06-0458
kotrschal,k 11-0430
kotwal,g. v 02-0526
kouril,j. 01-0583 02-0561 03-0504 04-0572 04-0605 07-0532 09-0487
kourteva,iordanka 03-0053
kovacevic,n 02-0210
kovach,g 04-0289
kovach,g. 04-0290 04-0363
kovackijj,n 03-0308 05-0238 07-0378 09-0363 11-0404
kovacsne,k al 04-0395
koval"chik,k 05-0092
koval"ov,s. m 06-0128
koval"skaja,v e 01-0039
koval"skijj,s d 02-0016 03-0170
kovalcik,kornel 11-0258 12-0316
kovalenko,g s. 02-0162
kovalenko,v 01-0280 04-0294
kovalenko,v g 07-0285
kovalenko,v n 09-0381
kovalev,a 08-0188
kovalev,b m 08-0170
kovalev,ju a 07-0182
kovalev,p f 06-0454
kovaleva,g i. 07-0288
kowalczuk,i -s. 07-0396
kowalczuk,s 03-0326
kowalczyk,j. 07-0007 08-0006 08-0008
kowalski,jacek 08-0445 08-0446 08-0463 08-0464 08-0466 09-0554
kowalski,zygmunt m. 12-0340
kowtal,g v 01-0581
koyama,gentarou 05-0442
koyama,jiro 06-0356
koyama,takeo 11-0009
kozachenko,n g 03-0498
kozai edmund 02-0263
kozak-reiss,genevieve 05-0044
kozal edmund 05-0160
kozanecki,marek 11-0179
kozelov,lazar 06-0163
kozhara,a. v 12-0474
kozhokaru,e v 02-0461 02-0517
kozianowski,a. 05-0363
kozir,r 10-0404 10-0481
kozirenko,i. i. 07-0568
kozir,v s. 03-0093 10-0163
kozlov,a. s. 08-0118
kozlov,eh i. 12-0050
kozlov,v a. 12-0577
kozlova,i v 01-0505
kozlova,l v 04-0182
kozlova,s. 07-0330 11-0381
kozlova,t. 10-0502
kozlowski,jacek 12-0733
kozman,j. 02-0217
kozubska,anna 04-0229
kozybakov,b a 10-0267
kozyr,v 12-0318
kozyr",n s 02-0079
kozyr",v s 02-0138
kracal,zdenek 04 0255
kracht,w 03-0270 04-0356 07-0271 09-0285 09-0292 11-0145 11-0339 12-0416
kraeling,r r 12-0365
kraeusslich,h 01-0166 01-0273 04-0693 10-0175 10-0670
krahsteva,margarita 12-0290
kraiem,m m 07-0423
krajinovic,m 01-0016
krajnak,p 04-0302
kral,lukas 01-0034
kralj,metka 04-0592
kram,kornelia 02-0190 03-0142
kramer,j. k. g 08-0209
kramer,siegfried 03-0278
krampitz,g 07-0111 12-0429
kramska,barbara 02-0247
krapoth,h j. 09-0326
krasa,a 02-0048 04-0192 04-0216
krasavina,g. a. 09-0457 09-0462
krasicka,b 07-0010 07-0011
krasnichenko,a l 09-0319
krasnikova,n v 03-0123
krasota,v f 10-0177
krastin",v 07-0383
krastinja,v 02-0362
krasz,a. 07-0217
kraszewski,juliusz 03-0133 09-0187 09-0192 09-0191
krasznai,z 02-0506
kratocnvil,a. 01-0553 07-0520 12-0588
kratz,timothy k. 07-0454
kratzer,k. 01-0481 06-0304
kraus,g 01-0611
kraus,h 03-0244 07-0249
krause,edith 08-0333
krause,gary f 06-0044
krause,juergen 02-0297 07-0257
krause,u. 02-0031 02-0085 03-0058
krauze,anna 06-0160
kravchenko,ju s. 10-0033
kravchenko,z n 01-0590
kravcova,g v 07-0458
kravec,g 02-0372
krawielitzki,k 01-0021 04-0029
krawielitzki,r 07-0002
kreienbring,f 04-0046 06-0045
krejci,petr 12-0352
krejjmeris,i. 01-0395 07-0359
krenis,o i 02-0423
kresan,j. 04-0435 04-0436
kretkiewicz,grzegorz 01-0180
kretschmer,h 08-0124
kretzschmann,chr 01-0610
kreutzmann,h l 04-0621
kreuzer,m 08-0019 11-0054
kreuzer,w 09-0045 12-0100
krhounkova,eva 11-0093
krieg,r 03-0523 04-0398
kriese,s 02-0179
krieter,j. 01-0293 02-0310 12-0222
kriksunov,e a. 02-0425 06-0308 10-0467
krisanov,a. f 01-0032
krishtoforova,b 02-0356
kristensen,erik s. 01-0223 04-0222
kristinsson,julius b 11-0540
krivcov,v 01-0399 07-0360
krivcov,v i 02-0375
krivencov,ju m 03-0122
krivich,a. 03-0322
krivopishin,i 07-0331 09-0310
krivopishin,i p 10-0399
krivoruchko,l 11-0377
krivoshapko,i. k. 04-0133
kriz,lubomir 09-0375
krjuchkova,e 06-0218
krjuchkovskijj,a. 01-0266
krjukov,o a. 03-0245
krjukov,v s. 02-0375
kroechert,g 02-0289
krogdahl,a. 06-0015
kroh,l 11-0061 11-0063 11-0064 11-0065
krohm,h -j. 01-0030
krohn,c. c. 11-0241
krokhina,v a. 11-0235
kroll,e 12-0419
kroll,j. 10-0107
kroll,0 07-0199
krom,m. d 04-0589
kronemann,h 02-0049
krontorad,petr 06-0451
kropp,heike 05-0328
kroupova,v 02-0083
krow,milos 01-0246
krueger,andrzej 04-0538
krueger,christian 01-0303
krueger,christiane 10-0549
krueger,k. 12-0268
kruener,g 06-0399
kruff,b. 01-0273 06-0462
krugljak,a. p 11-0106
krumov,petahr 01-0400
krupa,jan 11-0313
krupinski,jedrzej 04-0229
krupka,ivan 04-0468
kruse,hubert 08-0164
krykanova,d 01-0142
krylova,n 07-0205
krymov,a. p 12-0653
krymova,m. a. 11-0281
kryszczak,marek 03-0175
kryvi,h 10-0573
ksiazkiewicz,juliusz 04-0430 04-0432
ku,k. p 10-0648
kuanyshbekov,b. m. 01-0672
kubacki,stanislaw 08-0455 08-0459 09-0545 09-0546
kubaev,s. 03-0165
kubaile,e 08-0076
kubatsch,e 10-0527
kubel,o. w 12-0046
kubiak,k. 02-0089
kubisch,h -m. 12-0256
kubisova,sylvie 10-0612
kublickas,a. 11-0458 11-0459
kubo,yoshikazu 11-0425
kubota,saburoh s. 05-0476
kuboto,ryuji 10-0560
kubrak,i. f 02-0423
kubu,f 01-0553 07-0520
kuchaar,s. 12-0030
kucherenko,l a. 02-0517
kuchinskas,eh 01-0388 01-0389
kuchmejj,v p. 01-0217 09-0222
kuchta,maria 03-0301
kuchukhidze,m. n 11-0679
kucin,n 07-0071
kucklentz,veronika 08-0401
kuczaj,marian 02-0183
kuczynski,david 05-0316
kudla,e 07-0223

kudo,satoshi 06-0275
kudo,yoshio 03-0174 06-0006
kudrjavcev,p. n 05-0173
kuebler,bernard 03-0382
kuechenmeister,u 04-0335
kuehl,t. j. 06-0445
kuehlmann,k.-j. 02-0480
kuehne,h 02-0479 04-0604
kuehne,r 10-0303
kuemmel,r 06-0364
kuemmerlin,reiner 05-0437
kuenzle,c. c 09-0060
kuerzinger,h 02-0472 03-0419
kuester,j. 12-0091
kugaevskaja,l v 09-0496
kuhla,s 02-0128 02-0129 02-0130 02-0131 02-0135 09-0285 12-0146
kuhlmann,h 09-0526
kuhn,gerda 03-0260 12-0392
kui-po leung,luke 11-0595
kuimov,d k. 02-0264
kukharenko,e 11-0323
kukovics,s 04-0244
kul"bin,ju. k 03-0107
kul"ok,alba 06-0172
kulaga,danuta 05-0484
kulagina,g. m. 09-0317
kulasek,g 07-0011
kuliev,z m 12-0514
kulik,m. f 12-0017
kulik,m g. 08-0115
kulinchenko,l i 02-0521
kulinich,n n 04-0454
kulow,h 02-0473
kulpis,ju. a. 02-0229
kumalska-drozdz, krystyna 01-0382
kumar,jitender 03-0552
kumar,k. 06-0389 09-0419 09-0513
kumar,n 06-0357 09-0529
kumari,k. 01-0618
kunavongkrit,a 01-0670
kunev,kun"o 06-0208 08-0256 11-0356
kunev,kun"0 jj. 09-0313
kung jun ,l 12-0122
kunichenko,a a 02-0549
kunz,h -j. 02-0308
kunz,peter 02-0232
kunz,y w 12-0467
kuo,kenneth c 03-0041
kupchinskaja,e s 02-0421
kupferschmied,h 11-0168
kupinskijj,s. b 12-0620
kuran,j. 02-0623 03-0200
kurashov,e a. 03-0392
kurashvili,m 02-0366
kurbanov,i 02-0367
kurcman,barbara 10-0308
kurco,vladimir 09-0184
kureneva,v p 05-0025 12-0053
kurennojj,n m. 12-0767
kurilov,n v 01-0013 02-0003 10-0229
kurinnyjj,s a. 02-0523
kurishko,i. p 03-0037
kurita,hiroyuki 04-0501
kurm,k. m 06-0153
kurmanaliev,k. k. 07-0627
kurmanbaev,a. r 09-0561 11-0652
kurokawa,tadahide 06-0251
kurosaki,yasushi 11-0592
kuroshima,ryosuke 11-0435
kurovskaja,l ja. 05-0466 07-0505 07-0577
kursa,j. 02-0083
kurzina,n p 06-0247
kus"min,b 01-0262
kusainov,a. k. 04-0242 09-0237 10-0192
kushak,r i 03-0104 07-0013
kushnir,v m 02-0150 11-0103
kusova,t. 07-0214
kusuda,riichi 04-0610 05-0255 05-0448 05-0449 10-0556 10-0559 11-0426
kusuhara,s. 11-0413
kusunose,ryo 03-0085
kutas,tibor 11-0608
kutasi-szabo,julianna 08-0490
kutepova,i v 02-0132
kuterbach,deborah a 01-0640 01-0641
kutner,andrzej 07-0052
kutschke,j. 09-0069
kuvera,j. c 08-0020
kuz"menko,k n 01-0511
kuz"mina,eh 12-0777
kuznecov,a 04-0422
kuznecov,a. g 02-0335
kuznecov,g a. 09-0552 12-0739
kuznecov,s g 01-0328 02-0029 02-0046 02-0314
kuznecov,s. g. 04-0052
kuznecov,v v 05-0359
kuznecova,e n 05-0359
kvashka,n v 07-0287
kvasnicka,p. 01-0579
kvasnicka,w g 10-0635
kveder,l v 01-0009
kvet,j. 02-0535
kvon,vissarion 08-0341
kvrov,g v 10-0599
kweon,kyeong 06-0450
kwiatkowski,jerzy 09-0162
kyle,d j. 04-0016
kynard,boyd 03-0376
kyushin,kenichiro 06-0274
l"abee-lund,j. h 11-0460
labadie,michael p 06-0057
labecka,stanislawa 05-0484 06-0409 06-0411
labesse,s 02-0106
labomascus,david 11-0569
labroue,l 05-0325
labusca,silvia 02-0386
labutin,v g 09-0486
lachance,b 02-0319
lachowski,andrzej 09-0132
lackovic,j. 04-0368
lad,frantisek 11-0093
lada-gorzowska,alina 02-0345
ladewig,j. 02-0119 12-0418
ladi,mel"bus 04-0174
lafont,michel 10-0447
lafontaine,yves de 07-0497
lagerkvist,gabrielle 12-0736
lagerweij,g w 04-0141
lagodjuk,p z 01-0188 04-0175
lahitte,j. ducos de 09-0583
lahlou-kassi,a 09-0616
lahrmann,k h 01-0287
lahti,e 07-0409 07-0414
lahucky,r 10-0326
laidlaw jun ,harry h 06-0421 07-0628
laird,gwenyth a. 10-0434
lakatos,j. 04-0628
lake,p e 03-0286
laky,g 04-0333 07-0267
lal,bechan 08-0301
lal,k k 12-0589
lam,pham tung 04-0383
lam,t. j. 11-0606 11-0614
lambert,j. g d 11-0574 11-0600
lambert,p p 12-0181
lambert,yvan 08-0326
lambertsen,georg 06-0347
lambourne,l j. 05-0047
laminov,b 10-0657
lammens-verslijpe,m 12-0181
lamova,g. 08-0273
lamp,j. 07-0364 10-0386
lampert,winfried 07-0463
lampeter,w w 09-0609
lampo,ph 03-0065 12-0360
lana,i. k. 12-0152
land,r b 05-0052
landmann,d 12-0091
landsay,d r 05-0146
lang,claude 02-0437
lang,m r 11-0369
lang,t. 01-0621
lange,k. 04-0625 05-0491 12-0573
lange,r 01-0076
langeland,arnfinn 01-0504
langhammer,h 02-0161
langholz,h -j. 01-0155 01-0161 02-0467 02-0487 08-0134
langlands,j. p. 10-0045
langner,r 01-0177
languev,n 10-0514
lannan,james e 02-0486
lanteaume,marie-therese 03-0601
lantos,tamas 12-0549
lapadula,daniel m 06-0064
lapierre,j. 06-0375
lapin,v i 02-0415
lapwood,k r 06-0042
larbier,m 12-0022
larceva,l v 03-0492
lardy,henry a 04-0089 12-0134
larimore,r weldon 01 0452
larkin,p a. 07-0421
larkin,s n 09-0156
larm,olle 06-0051
larreya 05-0067
larrivee,d 06-0375
larsen,t. 04-0119
larson,eric w 08-0429
larsson,per-olof 04-0065
lasch,juergen 05-0001
lashova,g 07-0331
laskar,s 12-0071
laskowska,t 09-0081
lasota,bogdan 08-0082
lassleben,paul 06-0240
lassota,l 05-0180
latala,adam 09-0358
lathrop,w f 05-0529
latshaw,j. d 09-0339
lauch,marion 12-0138
laue,a. 01-0407
lauerman,l h. 09-0604
laurans,andrzej de 09-0138
lauren,d j. 05-0420
lauren,d j. 05-0419
lauren,denis r 06-0058 06-0071
laurent,jean-claude 05-0517
laurijsen,h a. j. 05-0113 11-0193 12-0209
laurin,david e 10-0019
lauterbach,r 01-0570 02-0478
lauvergne,j. j. 06-0467
laval,philippe 03-0375
lavcenko,j. v 01-0221
laven,franz-josef 07-0039
lavigne,c 10-0091
lavin,p a 05-0296
lavine,barry 03-0536
lavrinenko,r 03-0321
lavrinov,n v 10-0589
lavrovskijj,v 10-0596
lavrovskijj,v v 10-0503 12-0613 12-0734
law,john h 05-0045
lawi,a. 03-0193
lawrence,a. b 07-0294
lawrence,guillaume a. 10-0102
lawrence,l m. 05-0502
lawrence,t. l j. 02-0006 02-0316 02-0322
lawry,karen r 10-0137
laws,edward a. 04-0584
lawson,g d 12-0153
lawstuen,d a. 08-0126
lawyer,m. s. 10-0662
lax,alan r 06-0067
lay,m m. 08-0424
layman,donald k. 09-0008 10-0047
lazarev,i p 09-0461 09-0462
lazzaro,xavier 02-0431
le bail,p y 06-0266
le bars,dominique 05-0043
le dividich,j. 08-0224
le henaff,genevieve 09-0275
le louarn,h 12-0530
lean,d r s 07-0455 08 0334
lean,david r s 07-0452

leatherland,j. f 04-0555 04-0556
leaver,j. d 01-0200
leavitt,john 12-0068
leba,karin 06-0234
lebas,f 02-0587
lebedev,d p. 04-0078
lebedev,ju. v 03-0248
lebedeva,e a. 01-0132
lebedinskaja,ju. a. 06-0197
lebengarc,ja. z 02-0206
leboucher,g 07-0096 07-0335
lebreton,y 03-0264
lebzien,p 06-0113
lebzien,peter 06-0114
lebzin,p 08-0002
leclercq,b 01-0055 03-0302 09-0315 11-0364
leclercq,e 07-0638
leclercq,michel 09-0022
leclerq,b 12-0022
lederis,k. 01-0434
ledin,inger 03-0229
ledjaev,o 12-0649
ledwitz-rigby,f 12-0363
lee,a. j. 12-0176
lee,c s. 02-0530 12-0664
lee,c. y 04-0669
lee,c -s 01-0589 02-0529 06-0342 06-0343
lee,chul-hoon 05-0088
lee,d g 05-0349
lee,g j. 05-0019
lee,j. c 04-0629
lee,jonathan a. c 12-0604
lee,k. 02-0385
lee,louise s. 06-0067
lee,mane-lane 06-0075
lee,n h 04-0002
lee,pauline a. 04-0343
lee,t. y 03-0240
leeds,roger 01-0419
leege,ursula 07-0155
leek,l 08-0415
leenanuruksa,d 10-0210
leeson,s. 04-0026 04-0393 04-0400 07-0338 07-0339 10-0364 10-0368
leeuw,r de 10-0547
leeuwen,p. van 04-0117 07-0101
lefcourt,alan m. 05-0100
leffel,r e 06-0448
leffers,g. 02-0225
leffler,hakon 08-0055
legault,c. 09-0275 09-0277
legault,john a. 01-0488
legel,s. 12-0216
leger,c. 05-0040
leger,claude l 04-0064
leggett,william c 01-0468 07-0497 08-0328
legiec,andrzej 01-0007 01-0125 01-0212 03-0183
legiec,jozefa 01-0212 03-0183
lehfeldt,wolfgang 01-0140
lehmann,g 02-0151
lehmann,j. 02-0407 03-0490
lehmann,jens 07-0592
lehmann,reinhold 08-0404
lehnherr,r 02-0458
lehrer,a. r 01-0146 07-0212
lehtsar,jaan 08-0340
leibetseder,j. 12-0154
leibfried-rutledge,m l 10-0652
leibholz,jane 01-0205 04-0005 04-0345 12-0073
leibo,s p 02-0642 03-0577 06-0445
leidl,w 06-0469 09-0071
leighton,mark 02-0075
leimbacher,kurt 09-0251
leirer,r 01-0033
leishi,zhang 08-0380
leitgeb,r 12-0277 12 0307
lelana,iwan y 06-0390
leman,a. d 01-0354
lemanski,jacek 01-0181 01-0183
lemberkovics, e, 08-0490
lemke,ehrenreich 08-0214
lemmin,u. 01-0498
lempert,o t. 05-0389
lemser,a. 09-0329 09-0332
lencner,h 03-0005
lengerken,g 02-0304 04-0289 04-0290 04-0363
lengerken,g v 03-0261 04-0329 04-0332
lengerken,gerhard von 04-0331
lengerken,j. v 09-0099
lengyel,a. 04-0254
lengyel,v 01-0105
lenis,n p. 05-0178 05-0188
lenz,petra h 03-0393
leon,d 06-0446
leonard,m 06-0453
leonard,paul m 03-0479
leonardsson,kjell 11-0444
leong,joann c 09-0520
leong,t. s 12-0709
leontis,n b 07-0048
leopold,marian 07-0486 07-0489 07-0490
lepeshenkov,v f 01-0362
leps,guenther 06-0241
leray,claude 01-0563
lerman,a. 07-0547
lesack,l f w 08-0359
leschen,w 12-0694
lesel,m 01-0587
lesel,r 01-0437 01-0587
leslie,k. e 03-0572 05-0537
letkevich,o. i 06-0125
letko,gerold 10-0414
lettner,f 01-0346 01-0396 07-0353 08-0116 10-0231 12-0277
letty,y 03-0468
leturque,armelle 08-0016
leucht,wolfgang 02-0236 04-0225 04-0251 09-0168 11-0278
leuillet,m. 10-0335
leuner,e 08-0407
leung,f c 12-0062
leung,pingsun 04-0585
leuthold,g 02-0219
leuven,r s e w 12-0676
levatin,d l 06-0087
levchenko,i. a 12-0761
levin,k. 01-0283 04-0296
levings,c d 01-0446
levinton,zh b 01-0432
levitskaja,l v 09-0553
levy,f 09-0097
lewczuk,alina 09-0368 12-0455
lewicki,czeslaw 09-0110 09-0111 11-0119 11-0120
lewin,a. w 12-0527
lewinska,lidia 03-0127
lewinski,h 02-0037
lewis,austin j. 11-0047
lewis,charles g. 11-0053
lewis,david j. 12-0309
lewis,marlonr 01-0534
lewis,p d 01-0401 10-0393
lezcano,p 10-0337
lheritier,j. 03-0551
li,a. ch 02-0030
li,b. d 12-0184
li,v d 05-0128
li,x w 12-0355
libal,r 04-0404
liberts,v a. 05-0059
libosvarsky,jiri 05-0293
lichorat,robert m 04-0511
lidor,cobi 01-0031 01-0061
lie,oeyvind 06-0347
lieberenz,m 04-0339 04-0708 10-0327
liebert,f 05-0074 11-0034 11-0326
liebetrau,l 12-0084
liebig,g 02-0611 03-0562 05-0513 07-0640 11-0667 11-0668
lied,e 06-0347
liedel,w 07-0344
liehs,w 12-0259
liepert,b -m 10-0383
lies,b 09-0605
liesegang,w -d 08-0071
liettava,jan 04-0264
lietz,b 04-0446
lietz,douglas m 11-0597
lietzau,horst 12-0382
lifshic,s 10-0487
lighfoot,a. 03-0102
likopa,m 02-0362
lilja,clas 11-0409 12-0462
lillehoj,e b 01-0067
lilova,antoaneta 07-0040
lim,k. t. 06-0047
lim,r p 07-0560
lima,jose augusto de freitas 04-0366
limanskijj,v v 07-0569 11-0562 12-0716
limbourg,p 06-0162
lin,c y 12-0223
linan,lin 07-0501
linard,alain 04-0064
lincoln,richard f 02-0491
lind,owen t. 10-0433
lindauer,martin 01-0642 10-0629
linday,d b 12-0020
lindberg,j. e 07-0004
lindemann,e 09-0176
lindgren,kristina 10-0143
lindner,j. p 01-0341 04-0110 09-0101
lindner,petr 06-0020 07-0021
lindpere,ajjni 02-0446 08-0397 08-0398
lindqvist,o v 07-0414 11-0513
lindsay,d b. 09-0003
lindsay,d r 01-0235 05-0148
lindsay,g j h 12-0490
lingen,c d van der 04-0588
linhart,o 01-0579 04-0572 05-0380 06-0317 12-0590 12-0671
link,a 08-0031
link,rebecca p 07-0052
linnemann,frode 12-0752
linnik,v ja 07-0589
linow,f 01-0076
linscombe,greg 09-0533
linville,jane e 03-0347
lioi,m b 12-0349
liou,bor-shing 05-0276 05-0277
liou,s s 12-0441
lipecka,czeslawa 02-0245
lipiarska,elzbieta 05-0133
lipiec,a 11-0321
lipinski,h 12-0203
lipp,v 03-0179
lippo,e 10-0514
lippo,e v 12-0592
lippold,a 12-0217
lipskijj,m d 09-0175
lipton,j. 03-0488
lisboa,suenon rosa 11-0175
lishman,j. p 01-0531
lisichenko,n l 11-0257
liskova,e 04-0525
lisovenko,a. s 10-0651
lisovich,m 10-0407 10-0519
litewka,b 02-0089
little,edwarc e 03-0509
little,t. v 03-0594 05-0547
littlejohn,d 09-0044
litvinenko,v v 07-0563
litwin,u. 12-0301
litwinczuk,anna 10-0217
litwinczuk,z 10-0217
litwinczuk,zygmunt 03-0116 09-0182
liu,i. k. m 09-0623
liu,kuo-chun 05-0407
livanova,n b 07-0058
lively,mark o 12-0090
livescu,brandusa elena 11-0083
livincov,n 01-0352
livinskijj,f 10-0509
lizenko,e i. 05-0375
ljasauskene,l b 12-0602
ljashenko,a. f 12-0518
ljashenko,a. n 06-0270
ljashenko,a v 12-0561
ljashenko,m. m 11-0222
ljubin,n a. 03-0144 03-0145
ljubinskijj,v 05-0205
ljublinskijj,s l 02-0013 02-0019 02-0331

ljuckanov,georgi 11-0689
ljudskanova,zheni 04-0537
llopis,j. 10-0044
lloyd,richard 12-0683
lobachenko,n i. 03-0564
loban,a. 08-0105
loban,a. a. 07-0076
lobchenko,v v 02-0468 02-0516
lobeev,o 07-0392 12-0457
lober,u. 07-0015 12-0156
lober,ulrich 12-0293
lobley,g. e 03-0013 04-0007
lobuncov,k. a. 07-0571
lodge,david m. 07-0448
loeck,g. 06-0147 07-0155
loeffler,h. 01-0596 02-0456
loehle,k. 07-0310 09-0252
loehnert,h -j. 08-0171 11-0231 11-0251 12-0280
loerintz,t. 10-0301
loetsch,gisela 04-0203
loewer,o j. 03-0136 10-0230 10-0251
logan,n b. 04-0399
lognay,g 05-0026
logvinenko,l m. 04-0640
lohi,outi 07-0610
lojjgu,ehnn 08-0406
lok,j. h 05-0011
lomax,james a. 11-0095
lomax,m. a. 01-0122
lomonos,g. t. 10-0621
lon-wo,esmeralda 03-0296 09-0320
longauer,v 04-0241
longstaff,margaret 07-0348
loo,lars-ove 11-0476
lopatarova,miloslava 06-0451
loper,gerald m. 05-0509
lopes da silva,marcia maria 11-0224
lopez,delia 04-0169 12-0185
lopez francos,l 02-0244
lopez-cabrera,antonio 11-0071
lopez-jurado,m 10-0044
lord,william g 06-0418
lorek,manfred oskar 08-0449
lorenz,christel 04-0220
lorenz,j. 01-0353
lorman,james g 07-0448
los",n f 09-0143
losada,h r 04-0006
losert,j. 12-0091
lotthammer,k. h 12-0271
lou,ya-huan 06-0338
loudenslager,j.ic 02-0499
lougnon,j. 08-0229
louis,e j. 12-0119
louis,vincent st. 01-0493
lovas,l. 04-0247 04-0262
love,l b. 02-0630
lovejoy,d. 08-0036
loveland,patricia 05-0048
lovell,richard t. 06-0349 06-0390
lovrec,vesna 03-0064
lovren,mirjana 02-0494
lovrinov,d. 08-0128
low,a. g. 04-0124 08-0011 08-0024 12-0072
low,c k 01-0011 08-0028
lowe,j. e. 03-0594 10-0606
lowe,r f 01-0327
lowe,susan e 06-0010 06-0011
lowe,t. w 04-0338
lozhichevskaja,t. v 12-0499
lozhkina,t. 05-0201
lozovojj,v 10-0405
lu,c. d 09-0254
lu,k. h 02-0640 03-0589
lubieniecki,boguslaw 08-0388
lubjanskene,v n 12-0603
lubzens,e 03-0461 05-0376
lucas,h 03-0434
lucas,juergen 04-0049
lucenko,a. v 12-0769
luchina,o i 07-0466 12-0541
luchkina,s. a. 10-0674
luchtefeld,ronald g 09-0047
lucjuk,n. b. 10-0055
luczak,zbigniew 12-0755
luczynski,m. 06-0327 07-0533 07-0534 12-0642
ludas,t. 05-0228
luecker,e 09-0045
lueddeckens,e 09-0330 09-0338
lueders,h 09-0364
luedke,ch 09-0330 09-0338
luedke,h 02-0039 02-0327 03-0007 03-0101 11-0140 11-0328 12-0034
luedtke,h 11-0096
lueke,f 10-0390
luetkemeyer,josef 10-0345
luetzenkirchen,guenter 08-0472
lugovaja,e s. 12-0576
luji,guo 08-0381 08-0382
luk"janenko,v i. 04-0450
luk"janenko,v v 04-0450
luk"janov,p e 04-0484
luk"janov,v 02-0380
lukacsi,a. 07-0267
lukashik,a. a. 11-0099
lukasik,jan marian 04-0431
lukaszewicz,marek 09-0138 10-0184
lukavska,a 02-0535
lukavsky,j. 02-0535
lukina,t. m. 05-0430 09-0530
lukowicz-pedzierska, miroslawa 08-0442
lumley,i.d 10-0071
lundberg,per 11-0444
lunden j. d 09-0587
lundenheim,nils 09-0264
lundstroem,kerstin 12-0366
lunen,t. a. van 06-0184 11-0308
luneva,v n 03-0412
lungeanu,agripina 10-0301
lunxiang,gong 08-0360
lupacheva,l i 07-0536
lupandin,a i 03-0484
luprano,s 05-0256
lushhik,a a. 05-0056
lushkar",v ja. 07-0506
lusky,k. 01-0671
lussier,j. g 02-0626
luton,john r 01-0575
lutova,l a. 10-0598
lutter,klaus 07-0654
lutz,w 01-0167
lux,ekkehart 06-0378
luzniak,mieczyslaw 05-0378 05-0379
lwoff,laurence 10-0131
ly,j. 04-0350
lychik,g. z 10-0055
lyhs,l 04-0461
lynam,s. 12-0677
lynch,j. j. 08-0096
lynch jun ,william e 08-0429
lyonnet,stanislas 08-0030
lyons,john 08-0319
lyons,t. p 04-0039 11-0389
lysak, m, 08-0227
lysenko,f 09-0369
lysenko,m a. 12-0104
lysenko,p v 07-0570
lysh,l 04-0488
lyssenko,j. 12-0183
lythgoe,e s. 12-0781
ma,hai-fei 03-0448 12-0638
maarof,n n 11-0274
maass,p 01-0671 11-0327
maass, p, 01-0668
mabelin,rey l 05-0409
mac,michael j. 05-0426
macaluso,m. 03-0455
macaranas,julie m. 03-0409
maccrehan,w a. 04-0058
macdearmid,a 07-0213
macdonald,n l 10-0416
macdonald,p d m 07-0447
macdonald,stephen b 06-0074
machiels,m. a. m. 02-0511 03-0454 04-0573 04-0574 11-0585
machova,j. 04-0536 04-0597
machuga,i 12-0183
machuga,j. 06-0151
macicka,michal 09-0579
maciejowski,janusz 08-0452 08-0453
maciver,r m 05-0070
mackenzie,k 03-0380
mackepladze,t. 09-0083
mackie,a. m 05-0410
mackness,s. 01-0531
macleod,g k. 10-0186
macleod,h 10-0350
macleod,n a 02-0014 07-0029
macmahon,p. d 06-0363
macmillan,c s 03-0540
macmillan,k l 12-0248
madaminov,k. 12-0250
madec,f 09-0073
madej,a. 09-0264
madel,g 02-0617
madere,rene 10-0060
madge,david s. 05-0507
madhavi,r 03-0496
madley,lisa k 09-0019
madsen,a. 12-0037
madsen,j. 07-0112 07-0113
madu,c t. 06-0337
maeda,hiroya 07-0507
maeda,t 01-0361
maeki-taniła,a 11-0686
maenner,k 10-0066
maenner,k. 12-0040
maertens,l 11-0649 11-0650
maertin,b. 01-0123
maestrone,g 10-0557
maffeo,g 11-0305
mager,a 02-0191
magnin,m. 05-0093
magnuson,john j. 07-0495
magomadov,t. a 02-0259 03-0219
magomedov,g m 01-0430
magomedov,m sh 11-0045
magomedov,sh 07-0388 07-0391 12-0458
magomedov,shh 12-0459
magremjaeh,ehllo 08-0397
magurran,a. e 05-0298 05-0299
mahadevan,s. 04-0018
mahana,w 12-0693
mahe,nicole 04-0064 05-0040
mahon,g. d 05-0540
maier,w 07-0293 09-0259 10-0340
maier,walter j. 04-0600
maijala,k. 12-0332
mailjan,r a. 02-0462
mainl,m 05-0010
maislein,h 10-0472
maisse,g. 06-0266
maitra,d n 04-0273
majewska,ewa 03-0116
majewski,t. 12-0372
majewski,tadeusz 09-0227 11-0215
majewski,zbigniew 03-0116
majjboroda,n n 10-0133
majjer,r 05-0222
majkowski,p 06-0327 07-0533
makar,z. n 03-0144
makaran,r 07-0597
makarcev,n g 03-0273
makarechian,m 03-0112 09-0174 12-0256
makarov,eh 10-0491
makarov,v a. 07-0558
makarov,v m 12-0247
makaveev,cvetan 01-0226 11-0268 12-0362
makeeva,a p 09-0501
makhaev,e a. 10-0039
makhmasharipov,s. 10-0622
makhnaeva,n m 10-0168
makhno,p m. 06-0386

makhortov,f f 12-0033
makhova,n n 01-0438
makinde,m. o 07-0304
makoedov,a n 09-0408
makovkin,n 07-0384
makovleva,n 08-0244
makovskijj,b 08-0243
maksimchuk,g g 10-0172
maksimov,g 08-0202
maksimov,ju 11-0639
maksimov,ju m 04-0487
maksimov,v a. 06-0255
maksimova,i v 01-0479
maksimovich,a. a. 06-0242
maksimovskijj,l f 11-0676
mal"kjavichjus,s 11-0639
mal"kjavichus,s k 04-0487
malafosse,a 01-0159
malczewski,andrzej 04-0633
malec,henryk 11-0362
malecki,jan 05-0362
malevanchik,b s 01-0595
malher,x 02-0114
malik,j. 02-0248 03-0213 04-0238 04-0241
malinowska,aleksandra 01-0288 04-0303
malins,donald c 05-0427
maljarevskaja,a. ja. 01-0598 09-0464
maljavkina,l 08-0159
maljutin,v d 12-0437
malkochev,malkoch 11-0171
malkov,v v 03-0546 05-0511
mallard,j. 02-0115
maller,r a 04-0258
malmfors,brigitta 12-0366
malmloef,kjell 04-0011
malnar,z 12-0628
malnfors,gunnar 12-0366
malpaux,b 09-0614
malysh,l 11-0376
mamaev,a. v 08-0216
mamaev,m. m. 09-0431
mamaev,v 07-0379
mamaev,v v 11-0401
mamatkulov,t. 03-0165
mamcarz,andrzej 01-0582 07-0431 12-0521 12-0641
mamchak,i. v 04-0185
man"ko,t. g. 06-0088
mandl,j. 02-0388
mandzhgaladze,z 10-0310
manec,v d 06-0229
maneeva,a. p 12-0654
manehasa,murat 07-0641
manghebati,a 03-0014
manier,jehanne-f 01-0613
mankura,mitsumasa 11-0416
mann j. 03-0088
mann r h k. 08-0309
mansfield,pamela j. 01-0451
manteifel,ju b 01-0456
02-0413 09-0388
manukhina,a i 03-0117
manukjan,v 05-0217
manveljan,k 10-0130
manzano,airton 11-0658
manzer,j. i 01-0443
mapletoft,r j. 01-0674 02 0635
mar,t 05-0505
mar"janovskaja,m 10 0406
marcel,j. 08-0369
marcell,paul d 02 0072
marche,monique 04 0391
marchenko,l a 09-0141
marchjulene d p 09-0511
marcisz,maciej 09-0180
marcoci,simona 08-0395
marconato,e 06-0260
marcu,n 05-0497
marculescu,s. 02-0124
marcus,g. j. 12-0242
marczewski,andrzej 05-0387
marengo,giuseppe 03-0470
margan,d e 08-0109
margetin,m. 02-0248 03-0213 04-0226 04-0241
margolis, l 02-0555
marian,t. 02-0506
mariani,a. 09-0506
maric,a. s. 02-0409
maric,drago 04-0478
maricic,l 04-0357
marien,koenraad 05-0048
marin,v g 09-0158
marino,l 03-0566
marinova,penka 12-0395
marinow,p. 08-0084
marion,j. m. 01-0637
markevich,n v 12-0637
markin,ju. v 11-0010 11-0115
markkula,merja 10-0357
marko-varga,gyoergy 10-0086
markov,ju 05-0193
markovic,b 10-0638
markovic,n 01-0016
marks,david 02-0075
markus,w 07-0278
markushin,a p 12-0178
marma,b b 09-0460
marquard,r 10-0067
marquardt,r r 05-0072
marrero,dolores 03-0166 09-0206
marsalek,miroslav 10-0605
marsden,a 10-0361 11-0378
marsden,j. ellen 06-0351
marshall,eliot 02-0439
marshall,j. 03-0595
marshall,t. 03-0221
marshall,thomas 11-0666
marston,a 10-0117
mart,l 05-0424
martello,r 04-0580
martens,h 11-0017 12-0046
marti,dorrit e 04-0516
martin,gerhard 07-0545
martin,j. 12-0204
martin,j. f 08-0427
martin,joerg 07-0154
martin,roy j. 02-0009
martin,roy m 11-0556 11-0641
martin,t. g 01-0364
martin-robichaud,d j. 01-0576
martin-rosset,w 01-0636 07-0622
martineau,n a. 01-0680
martinez,j. a 02-0012 03-0047
martinez,l 07-0037
martinez,o 07-0037
martinez,r o. 03-0166 04-0199 09-0206
martinkoewitz,horst 04-0666
martmann,manfred 04-0440
marty,gary d 03-0378
martynov,s. v 01-0214 02-0228 12-0121
martynov,v 08-0103
maruyama,takashi 08-0320
marx,h. 08-0184
marx,ilona 06-0168 09-0069
marx,ingrid 09-0215
masacka,t. 02-0049
mashurov,a. m. 07-0139 10-0168
maske,helmut 10-0436
maslova,n 10-0476
mason,g 02-0595
masselin,sylvie 11-0214
massey,vincent 09-0035
massip,a 05-0538 10-0644
masson,j.-p 02-0115 09-0284
mast,m g 10-0673
mastynski,jerzy 05-0362
masumoto,toshiro 05-0390
masumura,kazuhiko 06-0372
matassino,d 12-0399 12-0400
matejka,michele 11-0293
mateo,rufino 09-0025
mather,f b 03-0305
mathias,j. a. 11-0431
matkovskijj,a. k 06-0289
matkowitz,ralf 12-0024
matlock,gary c 06-0300
matsubara,takahiro 12-0727
matsui,takashi 04-0456 04-0457 04-0581
matsumiya,y 11-0424
matsumoto,tatsushi 10-0562
matsusato,toshihiko 07-0595 07-0601
matsutani,satoshi 11-0080
matsuura,hitoshi 04-0061
matsuyama,hiroko 02-0569
matte,j. j. 04-0124 12-0072
matthes,heide-doerte 12-0203
matthes,s. 01-0035 02-0056
matthews,william j. 04-0466
matthey,gilbert 04-0506 12-0529
matthies,g 03-0520 10-0458 10-0460 10-0461
mattioli,m. 01-0669
mattson,n s. 10-0573
matty,allen j. 11-0437
matuk,k 08-0410
maturova,eh t. 05-0102
matveenko,n p. 11-0363
matveev,v f 01-0517 09-0436
matveev,vladimir f 01-0519
matveeva,lilian k. 01-0516
matveeva,v g. 07-0608
matvejev,s d 04-0619
matyas,j. 11-0229
matyka,stanislaw 01-0391
matzke,p 04-0110 12 0092
matzke,w 04-0356 09-0292 11-0145 11-0339
mauger,isabelle 09-0080
maughan,o eugene 11-0567
maul,v 03-0548
maule,alec g 05-0266
maurer,r r 02-0624
mauri,pierluigi 11-0070
maurus,e m 02-0359
mautz,dietrich 07-0637
mavrodina,t 06-0094
mawer,e barbara 04-0057
maximowitz,e 02-0620
may,b 09-0479
may,gail 01-0072
may,r m 03-0501
may,ursula 03-0081
mayama,hiroshi 09-0428
mayer,b 11-0141
mayer,d f 09-0587
mayer,h 11-0217
mayer,harald k. 05-0100
mayer,m 01-0164 08-0140
mayer,r j. 11-0038
mayland,hans j. 07-0398
maylin,a. 04-0342 04-0350
maynard,p j. 12-0341
mayne,c s. 01-0082
mazanowsk ,a. 09-0302 09-0366
mazurek,jar usz 09-0227 11-0215
mazurkiewicz,michal 09-0358
mazurovs"kijj,l z 09-0139
mazzarri,g. 03-0567
mazzola,a. 03-0455
mc daniel,g. r 10-0384
mcallan,a. b. 04-0004
mcallister,a. j. 12-0161 12-0176 12-0190 12-0223 12-0242
mcallister,c d 01-0446
mcallister,philip e 03-0489
mcburney,m. i 01-0085
mccahon,c. p 09-0525
mccain,bruce b 05-0427
mccall,d 11-0693
mccall,r m. 05-0526

mccarter,n h 07-0436
mccarthy,t. t. 07-0141 07-0142
mccauley,a. d 05-0529
mccauley,edward 06-0305
mcclanahan,lon l 08-0308
mccleave,j. d 03-0362 03-0365 12-0534
mccleave,james d 03-0367 12-0533
mcclelland,t. h 09-0242
mcclenakhan,m. 06-0442
mccormack,g. b 03-0521
mccoy,c p 08-0427
mccroskey,mark c 06-0055
mcculloch,william 02-0099
mccullough,m. e 08-0166
mccullough,marshall 08-0100
mcdaniel,b. t. 09-0147
mcdaniel,g. 02-0346
mcdaniel,g r 09-0342
mcdiarmid,ruth 05-0017
mcdonagh,t. 05-0524 05-0542
mcdonald,c. l 02-0272 03-0233 11-0291
mcdonald,d g. 05-0419 05-0420
mcdowell,g. h 07-0177 10-0210
mcdowell,l r 11-0050
mcdowell,t. 10-0563
mceachron,lawrence w 06-0300
mcevoy,t. g 02-0639 05-0053
mcewan,j. m. 12-0001
mcewan,tom 11-0087
mcfarland,william n 03-0329
mcfarlane,g a. 07-0445
mcgeachin,robert b 11-0568
mcgilliard,m. l 12-0274 12-0275
mcglone,james s. 07-0025
mcgloughin,p 12-0398
mcgowan,c. 10-0049
mcgregor,b a. 03-0236
mcguinness,m 04-0322
mcguire,j. a. 01-0683
mcintosh,j. y 07-0189
mcintosh,m. k. 02-0317 02-0318
mcintyre,d b 01-0471
mcintyre,j. d 03-0500
mcintyre,john d 05-0400
mckavanagh,c. 09-0525
mckay,a. 10-0554
mckay,l r 03-0429
mckay,r m. 02-0296 07-0164 07-0165
mckaye,k. r 05-0281
mckee,p. m. 07-0552
mckenna,d 03-0575
mckeown,b a 09-0391 10-0412
mckim,james m. 03-0507
mckinnell,s. 07-0425
mclaren,den p. oldroyd and russel d 11-0671
mclaren,r d 07-0189
mclauchlan,william 12-0177
mclay,h. a. 03-0343
mcleay,d j. 07-0602
mclellan,a. r 08-0482
mclennan,a. 08-0375
mcleod,b j. 08-0505
mcmahon,brian r 12-0476
mcmanus,d p 04-0616
mcmeekin,t. a 11-0693
mcmillan,i. 04-0115 04-0337 07-0296 07-0297 12-0425
mcnab,j. m 07-0348
mcnally,mary ellen 09-0058
mcnamara,john p 12-0282 12-0283
mcnatty,k p 10-0654
mcnaughton,donald e 06-0058
mcneilly,a. s. 04-0230
mcnicol,donald k. 05-0321
mcphail,j. d 05-0296
mcphee,c. p. 01-0305
mcpherson,carol a. 11-0014
mcpherson,john d 07-0034
mcqueen,d j. 01-0487 07-0455 08-0334
mcqueen,ralph e 06-0056
mcsweeny,edward s. 04-0447
mcwhir,j. 10-0186
mcwhirter,jennifer m 07-0611
meads,w j. 12-0049
mearns,kathryn j. 09-0484
mears,g j. 02-0177 05-0150
mechekour,f 02-0638
mechler,bernd 11-0037
mecking,g 05-0382
medland,t. e 01-0559 07-0440
medved"ko,n i. 07-0076
medvedev,g. f 09-0125
medvedev,i. k. 02-0018 02-0076 12-0218
meemken,hans-albert 10-0549
meffert,maria-elisabeth 01-0484
mehler,joseph 08-0408
mehlhorn,g. 06-0239 07-0254
mehrle,paul m. 03-0510
mei,j. van der 11-0261
meier,h 04-0128 08-0025
meier,w 06-0373 06-0377
meijer,a. b 08-0162
meijering,a. 12-0209
meijsser,f m. 03-0086
meincke,b 03-0571
meine,heidi 12-0326
meinecke-tillmann, sabine 03-0571
meinl,m 07-0103
meir,m. 07-0386
meiringer,g 10-0048
meiske,j. c 04-0205 11-0029
meissner,karl 01-0461
meister,alton 05-0029
meixner,b. 01-0133 02-0136 03-0007 04-0131 07-0099 07-0367 10-0372 11-0386 11-0387 11-0388 12-0447
mejnes-quijano,a 12-0395
mel-khina,t. 02-0360
mel"nichenko,a n 07-0624
mel"nichenko,g 06-0218
mel"nichuk,d a. 10-0087
mel"nik,i. a. 06-0078
mel"nikova,a. g. 02-0493
melack,john m. 03-0393
melcion,j. p 07-0347
melgares,patricia 04-0100
melix,catherine 01-0111
melkhorn,g 07-0252
meller,maciej 09-0542
meller,zdzislaw 09-0367
mellin,andreas 07-0493
mello,robert j. 05-0036
meltzer,aharon 03-0307
meluzzi,a. 10-0388
melzer,g. 09-0262
melzer,werner 03-0533
memedejjkin,v g. 04-0653
memon,m. a 01-0249
menchaca,m. a. 04-0166 04-0199 05-0174
mendel,c. 12-0322
mendel,m. 09-0295
mendez,m d 10-0270
menezo,y 05-0543
meng,hans juerg 04-0503
menger,h 08-0085
menissier,f 12-0211
menke,k h 01-0078
menke,k.-h 01-0116
menn,j. j. 08-0424
menton,d 04-0337
menton,d j. 06-0320
menzel,h u 08-0358 08-0426
menzel,randolf (hrsg.) 12-0757
meranger,j. c 07-0064
merat,p 10-0349
mercedes,b 11-0570
mercer,a. r 03-0540
mercer,alison (hrsg) 12-0757
mercer,w e 04-0705
mercik,leszek 03-0231
merenyi,i 01-0178
merka,w c. 10-0365
merks,j. w m. 01-0285 02-0299 06-0101 10-0139 10-0307 12-0377
merkus,g 01-0317
merle,b 11-0669
merry,r j. 04-0004
mersmann,h j. 01-0271 01-0321
merwald,e 04-0526
meshherjakova,a i 12-0547
meshkauskas,ch 02-0343
meshkaŭskene,a 02-0343
mesing,charles l 08-0315
meske,c 09-0497
mester,lotus 08-0395
meszaros,j. 04-0689
metani,sali 01-0097
metcalfe,neil b 06-0277 06-0278
methven, d. a. 03-0467
metlickijj,a. v 10-0264 11-0280
metodiev,stojjcho 01-0295 04-0310
metsaeniitty,l 11-0022
metz,j. h m 03-0086
metz,joanna 04-0219
meulen,j. v d 03-0568
meuser,f 11-0073
meuser-odenkirchen, g 12-0792
meuwissen,t. h e 01-0091 12-0381
mexley,j. e 12-0243
meydav,s. 05-0239
meyer,h 01-0635 06-0414 12-0751 12-0753
meyer,h h 09-0616
meyer,j. n 12-0375
meyer,k 08-0137 08-0146
meyer,karin 09-0088
meyer,m. 09-0064
meyer,michael s. 01-0031
meyer,thomas 01-0230
meyer h, 10-0400
meyer-burgdorff,k.-h 12-0599
meyerhoff,grete 06-0417
meyers,t. r 05-0454
mezeneceva,r 07-0170
mgeladze,eh g 12-0630
mgongo,f o k. 10-0659
micha,j.-c 11-0473
michalik,danuta 09-0368 12-0455
michalowski,t. 01-0001
michalska, a. 01-0688
michalski,zdzislaw 03-0243 08-0211 10-0311
michaux,c 11-0201
michel,agnes 07-0124
michel,g. 04-0332
michelena,j. b 08-0066
michell,a. r 05-0163
michell,p j. 01-0197 05-0126 05-0127
michelsen,axel 09-0573
michie,w 07-0387
michler,g. 10-0148 11-0127
michna,gustaw 01-0083
michulitz,hildegund 07-0180 12-0266
michurin,v p 04-0278
mickan,f j. 10-0219
mickelsen,c h 10-0647
middendorp,a. j. 01-0592
midttun,bjoern 11-0428
miedke,t. 08-0141
mielenz,n 07-0151
mielnik,jozefa 01-0180 01-0182
mieth,g 01-0075

mieth,g. 11-0042
migdal,wladyslaw 07-0280 10-0034
migineishvili, aleksandahr vl 12-0436
migliore,luciana 02-0541
mikelsaar,m 03-0005
mikhajjlov,s a 07-0179
mikhajjlova,e n 02-0493
mikhajjlova,v n 02-0169
mikhal"chenko,s a 12-0302
mikhal"chevskijj,b m. 07-0075 07-0117
mikhalko,l 10-0476
mikheenkov,v e 01-0298 03-0249
mikheev,a. 10-0407
mikheev,p v 09-0454 09-0469 12-0584
mikheev,v n 01-0470
mikheev,v p 09-0510
mikheeva,i. v 09-0454 12-0584
mikheeva,t 02-0376 07-0356 07-0357
mikheles,t. p 12-0608
mikhno,v i. 04-0637 04-0638 04-0643
miki,l 01-0443
miki,wataru 01-0564 11-0591
mikita,jan 03-0281
mikitjuk,p v 04-0602
mikitjuk,v v 01-0651
mikkelsen,jan 07-0035
mikled,choke 06-0113 06-0114
mikodina,e v 03-0443
mikolajczak,jan 05-0186 06-0079
mikolajczyk,tomasz 05-0406
mikulenene,s v 10-0252
mikulin,a e 09-0404
mikus,m. 02-0268
mil"chevskaja,r i. 01-0350
mil"chevskaja,r j. 08-0245
milagres,joao camilo 11-0173 11-0174 11-0211 11-0212 11-0213
milanovic,a. 02-0586
milbrink,goeran 10-0551
milius,anu 08-0398
miljukiv,a. 06-0131
millam,j. r 03-0305
millar,j. d 05-0008
millar,k. r 12-0049
millar,robert p 01-0047 03-0344
millar,roderick g 06-0073
millar,russell b 07-0496
miller,j. m 08-0327
miller,k p 04-0205
miller,m c 05-0329
miller,p j. 12-0486
miller,r h 10-0097 10-0178
miller,robert rush 08-0311
miller,w m 03-0253
miller-ihli,n j. 04-0667
millican,pauline e 12-0018
milligan c louise 12-0478
mills,a. d 04-0391 06-0231 10-0144
mills,c a 08-0309
mills,edward l 01-0487 01-0535 07-0438
mills,t m 10-0631
millward,d j. 07-0024 08-0039
milne,g 05-0017
milne,j. s 08-0029
milon,h 03-0039
miloshenko,v v 09-0163
milov,n i 10-0520
milovanov,l v 09-0535
milovidova,n ju. 01-0599
milstein,ana 04-0533
minaev,v 08-0204
minakata,kayoko 10-0026
minakowski,dariusz 12-0755
mineshita,takeshi 08-0056
minhas,b s 05-0054
minina,e v 06-0325
minist bezirksgeleitete indust,rie u. lebensmittelind 04-0630
minist land-,forst- u. nahrungsgueterwirt 03-0234 03-0519 05-0246 08-0493 08-0517
minkoff,g. 05-0479
mir,p s. 04-0030
mir,z 04-0030
mircheva,dona 12-0036
mirocha,chester j. 03-0060 09-0054
miron,a. s. 08-0238
miron,i n 09-0208
mironovskijj,a n 03-0359
miros",v v 04-0637 04-0638 04-0643 09-0139
miroshnichenko,i m 12-0739
miroshnichenko,t. k. 09-0552
mishima,tetsuo 06-0006
mishra,r c 03-0552
mishunina,m p 02-0132
misiak,boguslaw 03-0555
misir,r 02-0063
misotov,t. a. 02-0150
misotova,n v 02-0150
misra,u k. 01-0044
misztal,i 12-0200
mitchell,c p 01-0541
mitchell,s. a. 05-0336
mitchell jun.,g e 11-0331
mitin,m 09-0117
mitjukov,a s. 09-0127
mitjushnikov,v m. 11-0357
mitsumoto,takatsugu 07-0160
mittal,a k. 01-0433
mittenzwey,k.-h 11-0509
mix,lewellyn s 12-0232
miyamoto,a. 11-0172
miyamoto,g t. 12-0664
miyamoto,h 02-0281
miyamoto,mahito 05-0397 06-0251 06-0298
miyatake,kazutaka 09-0024
miyazaki,hajime 01-0107
miyazaki,s 04-0012 08-0013
miyazaki,t 01-0619
miyazaki,teruo 01-0602 01-0612
mizoguchi,junji 04-0038
mizuma,y 06-0466
mizutani,reiko 05-0034
mjaehmets,aare 02-0446
mjand,t. a. 02-0357
mjasoedov,b 10-0407
mladenov,mladen 01-0101 01-0222
mladenov,philip v 10-0084
mladenova,mimoza 05-0096
mlodkowska,irena 01-0050 01-0382
mlodkowski,maciej 01-0050 01-0382
mnazhev,n 05-0318
moakes,david l g. 12-0528
moav,b. 09-0505
moberg,gary p 05-0166
moccia,r d. 06-0318 10-0525
mocik,anton 10-0602
mock,dieter 03-0490
mocquot,jean-claude 08-0139
moebius,g 04-0316
moekkelgjerd,p i. 11-0465
moeller,erik 05-0061
moeller,heino 03-0471
moer,ariane van de 01-0613
moerchen,f 07-0201
moermans,r 11-0650
moesch,w 02-0284 04-0369
mogil"da,n 07-0370
mogilevcev,v i 01-0201
moharram,y g. 02-0540
mohr,a. 04-0452 06-0245
mohr,andreas 09-0482
mohri,tetsuro 03-0019
mohtadi-nia,d j. 04-0118
moiseenok,a g. 08-0041
moiseeva,i. g 05-0192
moker,j. s. 02-0635
mokhamed naim sharif 05-0211
molan,p c 12-0076
molchanov,m. v 10-0169
molchanova,n v 09-0062
moldovan,i 04-0365
molenat,m 04-0312 07-0247
molina,a. 08-0066
mollison,g 10-0012
molnar,kalman 06-0376
molnar,l 07-0140 08-0129 08-0130
molnar,s. 01-0347
molodjuk,a. v 04-0658
monaco,g. 05-0259 09-0506
mondain-monval,m. 02-0583
monegue,h j. 11-0325 11-0341 11-0350 12-0403
monin,g 12-0396
monnet,veronique 05-0043
monori,i. 01-0211
monow,g. 10-0157
montandon,gabrielle 02-0232
monte,m. j. 12-0740
monteagudo,f s. 04-0113
montgomery,g. w 11-0680
monti,carlo 11-0494
monty jun.,d e 09-0608
moon,t. w 10-0410
moor,r m. 09-0618
moore,brendan j. 06-0330
moore,j. a. 01-0045
moore,j. c 03-0202 07-0229
moore,k. j. 05-0502 11-0008
moore,l v h 06-0014
moore,lori barck 01-0526
moore,p g 01-0509
moore,w e 06-0014
moorehead,thomas j. 09-0036
moorhouse,s r 09-0236
moosbeckhofer,r 03-0560
morado,j. f 07-0586
moran,c 04-0661
morand-fehr,p 05-0470
morant,s v 06-0164 12-0244
morantz,d l 06-0276
moravec,f 02-0555 02-0556
morawa,f 01-0573
morcombe,p w 05-0165
moreau,guy 01-0441 09-0403
moreau,h 01-0052
moreau,isabelle 11-0463
moreau,[illegible] j. 11-0463
moreels,a. 03-0271
morel,j. 10-0146
morel,p 07-0258 12-0388
moreng,robert e 05-0190
morgan,g. l 03-0585 03-0586
morgan,r g. h 09-0006
morgenthaler,h u 01-0638
morgenthum,r 02-0325
morgul",v v 06-0187
mori,katsuyoshi 06-0384
mori,seiichi 08-0310
mori,tetsu 11-0591
morimoto,rakuno 09-0600
moring,john r 08-0400
morisawa,masaaki 01-0557
morisawa,sachiko 01-0557
morita,jun-ichiro 12-0080
morita,toru 12-0089
moritz,r f a. 10-0613 10-0615
moritz,r. f a. 05-0508
moriyama,hiroyuki 07-0033
morman,r h 06-0295
moroz,v v 04-0147
morozov,v 07-0331
morozova,k. n 10-0601
morozova,o. b 06-0207

morrice,philip c. 12-0048
morrill,j. l 10-0007 10-0052
morris,b. a. 06-0170
morris,c. a. 02-0168 02-0170 08-0131
morris,cletus e 04-0048
morris,t. r 05-0199 07-0334 09-0336 10-0361 11-0378
morris,william j. 09-0057
morrison,j. 08-0151
morrison,james n 10-0046
morrison,w d 07-0296 07-0297 12-0425
morson,laura a. 02-0017
morstin,jerzy 03-0114
morsy,m a. 09-0183
mort,p c 04-0338
mortensen,h p 12-0037
mortimer,c h 01-0498 01-0499
mortimer,david n 11-0077
morvay,j. 07-0228
moscicki,leszek 10-0683
mosenthin,r 05-0012 05-0013
moser,m l 08-0327
moser,r l 01-0077 01-0331
moshkutelo,i i 01-0326
mosihuzzaman,m 06-0051
moskalenko,p g 12-0760
moslovov,n 11-0656
moss,b w 12-0394
moss,c w 02-0385
moss,r 04-0443
moss,r a. 04-0236
most,m. 01-0344
mostageer,a. 09-0183
mostovaja,n v 04-0484
motejunene,eh b 09-0511
mothes,g. 01-0477
motoki,masao 03-0045
motovilov,k. ja. 06-0030 07-0128
moughan,p j. 01-0018 07-0106 12-0025
mount,michael e 03-0062
moura,lucimar pontara perez de 04-0354
mourik,simone van 02-0122
mourot,dominique 10-0111
moustafa,e k. 02-0540
mouthon,j. 05-0322 05-0323
moyaert,i. 05-0532 10-0634 10-0639 11-0691
moyer,richard 05-0048
mozes,s. 12-0030
mroczkowski,slawomir 03-0214
mrowka,wolfgang 06-0258 06-0280 06-0281
mroz,andrzej 02-0336
mroz,z 11-0321
mrozik,elzbieta 03-0207
mshigeni,k. e 01-0482
mtada,o s. m 06-0309
mtada,obed s. m. 11-0492
mucsi,i. 07-0228 07-0242
mudra,karl 09-0265
muegge,bernhard 07-0150
mueller,a 01-0108
mueller,dieter 02-0450 05-0439
mueller,e 01-0092
mueller,f 12-0691
mueller,g 04-0680
mueller,h l 11-0122 12-0027
mueller,hanne 11-0037
mueller,hanns-hermann 04-0087
mueller,j. 04-0054
mueller,k. 04-0080 04-0112
mueller,karl 07-0442 11-0462
mueller,maria 07-0111
mueller,mirko 06-0435 08-0495
mueller,r 03-0066
mueller,rita 01-0338
mueller,rudolf 04-0503
mueller,s. 02-0400 02-0401 05-0244 08-0286
mueller,simone 03-0294 03-0531 05-0499
mueller,th 07-0070
mueller,w 07-0211 10-0238 12-0596
mueller-beuthow, walheide 03-0054
mueller-motzfeld,g 03-0512
muench,e -w 06-0471
muench,kevin a. 04-0626
muenkner,w 07-0603
muenter,r 05-0231
muff,anton 08-0499
mugiya,yasuo 12-0493
muir,d d 02-0653
muir,j. f 06-0392
muirhead,sarah 08-0167
mukhajjlovskijj,n m 02-0517
mukhamedgaliev,f m 09-0093
mukhamedjanov,m. m. 03-0100 05-0085
mukhin,n 08-0064
mukhina,n 04-0422
mukhtarova,f g. 02-0144
mukhutdinov,v f 07-0533
mulcahy,d 05-0443 08-0416 08-0417
mulcahy,dan m. 05-0451
mulder,r w 07-0352
mulder,r w a. w 07-0351
mulholland,j.trick 04-0522
mulholland,patrick j. 07-0476
mulligan,t. j. 01-0447 07-0425
mumford,karen g 07-0521
mummert,john r 03-0372
munar,c j. 02-0631
munkittrick,k r 06-0318 10-0525
munksgaard,lene 01-0223 04-0222
munnich,arnold 08-0030
munns,robert k. 09-0056
munoz,f j. 11-0296
munro,alan l s 06-0370
munro,r k. 05-0536
mur,luuc r 01-0486
murachi,shiro 02-0565 02-0566 10-0418 11-0419 11-0421
muradov,a. 02-0238
murai,takeshi 06-0313 06-0384 10-0575 12-0689
murakhovskijj, v. s 09-0378
muralidhara,d v 01-0026
muramatsu,hiroshi 10-0075
muramatsu,keiichiro 12-0026
muramatsu,s. 03-0289
muramatsu,t. 03-0289 05-0016 08-0265
muramatsu,tatsuo 11-0033
muranaka,takashi 11-0591
muravoelgyi,l 04-0218
murdoch,w j. 09-0612
muresan,e 01-0652
muresan,gh 11-0177
murison,r d 04-0044
muroga,kiyokuni 06-0372
murphy,j. j. 04-0101 10-0006
murphy,m. 11-0007
murphy,m. r 10-0245
murray,a. c. 03-0598
murray,c. b 07-0422
murray,clyde b. 03-0346 11-0555
murray,i. 09-0098 12-0117
murray,j. 03-0595
murray,j. i. 08-0182 08-0183 09-0203 12-0142
murray,k r 06-0391
murzamadiev,a. m. 11-0267
murzina,o. p 12-0331
musah,a. i. 12-0171
musatov,ju. 10-0490
mushhinskijj,v g. 02-0545
mushkatova,n p 06-0005
musial,andrzej 03-0230
musienko,ju. s. 09-0220
musina,a. a. 11-0279
muske,g. a. 06-0263
musnenko,ju. s. 12-0198
musselius,v a. 07-0585
mustaev,s 10-0500
mustaev,s. b. 03-0415
mustafa ibrahim taufik 02-0358
mustakhmetov,m. m. 04-0257
mutluer,buelent 08-0062
muzykowskijj,a. m. 10-0572
myers,j. m. 02-0488 02-0518
myers,m. s. 12-0726
myers,r a. 12-0500
myers,ransom 01-0444
mykkaenen,h m. 11-0022
naber,e 04-0398
naber,e c. 09-0335
naberezhnyjj,a i 02-0444
naboka,i p 06-0132
nabrzyski,michal 02-0602
nadal"jak,e a. 01-0027 03-0185 12-0305
nadeina,n p 12-0615
nadjalkov,slavi 01-0409
naesje,t f 04-0474 06-0284 11-0466
naetke,g. 01-0623
naevdal,g. 11-0535
nagai,akira 10-0415
nagai,j. 06-0466 12-0431
nagano,rentaro 01-0113
nagaraja,t. g 08-0005 10-0007
nagasawa,k. 05-0472
nagasawa,kazuyu 09-0523
nagashima,h 03 00
nagata,mitsuhiro 05-0397 06-0298
nagata,tomoko 09-0049
nagatsu,toshiharu 09-0031
nagayama,fumio 05-0276 05-0277
nagdaliev,f a 01-0024
nagdalieva,n i. 02-0015 04-0202
nagel,l 05-0404
nagel,r 04-0578
nagel,siegfried 03-0006
nagornjak,t. l 09-0502
nagornyjj,ju. 01-0280 04-0294
nagoshi,makoto 04-0501 08-0310
nagy,alexandru 12-0328
nagy,b 03-0268 07-0290
nagy,n 01-0185 04-0171 07-0163
nagy,z 04-0158 04-0259
nahar,nilufar 06-0051
nahlik,kazimierz 03-0127 03-0132 03-0133 03-0134
naismith,donald j. 09-0009
najjdenko,k. a. 01-0150
nakagawa,heisuke 06-0346 09-0507 11-0634
nakagawa,tohru 08-0386
nakai,shuryo 12-0079
nakajima,masamichi 03-0447
nakamura,kazuhiko 03-0464
nakamura,ryo 05-0034
nakamura,yuko 12-0149
nakanishi,nobuo 09-0033 09-0034
nakanishi,y 08-0503 12-0689
nakano,masanori 11-0427
nakano,s. 02-0281
nakao,toshihiko 09-0600
nakari,t. 03-0426
nakase,kiyokazu 10-0569 11-0628
nakazoe,jun-ichi 08-0300
nakev,stojadin 11-0268
nakozin,v 07-0128
nalepa,thomas f 08-0337
nalewajko,c 01-0480
nalivajjko,eh s. 03-0530

nanba,kenji 02-0565 02-0566 06-0316 10-0417 10-0418 11-0415 11-0419 11-0421
nancarrow,c. 03-0595
nandrea,gene j. 09-0057
nanuashvili,s. 07-0354
napilitano,lorenzo 07-0043
napolitano,d. 09-0307
narasimhamurti,c. c. 04-0613
narizhnyjj,a. g. 01-0283 04-0296 09-0077
nartbaev,a. 10-0273
nartikov,a. v. 10-0023
nasyrov,u. n. 12-0184
nath,k. 06-0357 09-0529
natoli,w. j. 01-0305
naumenko,p. a. 02-0221
naumenko,t. 03-0316
naumik,s. i. 01-0248
naumova,l. 08-0254
naumova,m. a. 12-0278
nave,alona 10-0180
naveh,yehezkel 10-0042
naz,rajesh k. 09-0075
nazarenko,a.rbunov 09-0255
nazarenko,v. g. 04-0136
nazarkulov,k. 02-0255
nazin,s. n. 03-0547
nazir,mohammad 02-0101
ndife,l. i. 10-0375
neamtu,g. 06-0063
nebratov,s. 04-0423
nedkov,peter 07-0040
nedovesova,z. p. 05-0372
neeb,rolf 05-0046
needham,glen r. 04-0677
neergaard,j. v. de 04-0390
nefedov,v. n. 05-0356
negele,r. d. 08-0407
negoita,valeria 11-0083
negri,armando 09-0035
negus,mary t. 04-0496 08-0400
nehring,h. 12-0135
nehring,kurt 06-0008
neidert,eli 03-0063
neil,william h. 11-0568
neill,william e. 08-0333
neimann-soerensen,a. 11-0162
neisser,e. 06-0413
nekljudov,m. n. 09-0415
nekrashevich,v. f. 12-0126
nekrasov,a. 01-0412 10-0398
neljubina,n. 02-0371
nelson,d. 11-0663
nemcsok,j. 04-0598 08-0423
nemere,ilka 11-0030
nemeth,b. 05-0490
nenadovic,m. 10-0214
neophitou,c. 08-0323
nepo,v. 04-0441
nersesov,a. m. 09-0550
nes,norodd 02-0584
nesemann,h. 05-0341 05-0342
nesmerak,i. 02-0452 02-0533
nesterenko,v. v. 07-0289
nesterov,v. d. 09-0415
nesterova,l. kh. 09-0145 09-0146
nettles,david c. 04-0510
neubert,horst 04-0203
neudecker,t. 11-0550
neuendorff,d. a. 09-0599
neufeldt,h. 10-0314
neukermans,g. 11-0349
neukirch,m. 05-0456 07-0575 08-0409
neumann,c. 12-0261
neumann,karin 06-0406 12-0261
neumann,w. 07-0155 12-0204 12-0262
neumann,wilhelm 06-0147 06-0148 06-0149 07-0154 07-0184 12-0191
neumann-fuhrmann, dorit 02-0652
neumark,h. 04-0197 12-0286
neumayr,andreas 06-0436
neumeister,g. 02-0234
neupert,b. 02-0310
neutze,s. a. 01-0015
nevinnyjj,n. 06-0124
newberry,r. c. 06-0102 12-0140
newbold,j. r. 11-0225
newland,penelope 10-0115
newman,s. 09-0086 09-0087
newrkla,peter 10-0449
newsome,w. harvey 06-0074
newton,a. 12-0103
newton,a. w. 02-0573
newton,g. l. 07-0291
ng,l. t. 11-0058
ng-kwai-hang,k. f. 12-0223 12-0243
ngongoni,n. t. 04-0260
nguyen,t. 11-0055
niar,a. 12-0118
nibart,m. 02-0638 08-0179
nicaise,elly 04-0421
nichelmann,m. 12-0138
nichik,b. a. 11-0183
nicholls,t. 07-0529
nicholson,h. h. 04-0162
nickelson,thomas e. 05-0399
nickol,joanne m. 07-0307
nicks,b. 12-0139
nicol,christine j. 09-0096
nicolaiewsky,sergio 04-0354
nicoletti,jean 01-0069
nicolle,j. c. 10-0132
nie,henrik w. de 11-0467 11-0470
niebel,e. 09-0199
niederlehner,b. r. 09-0515
niedzwiadek,stanislaw 08-0444 08-0445 08-0446 08-0447 08-0463 08-0464 08-0466 08-0467
niekerk,p. j. van 04-0077
nielsen,per f. 07-0035
niemann,h. 03-0583 03-0584 03-0591 09-0620 10-0663
niemiec,j. 09-0340
nienaber,j. a. 01-0025 03-0216
nienhoff,h.-j. 06-0167
niess,e. 04-0352 07-0208
niessen,f. 05-0324
nigam,g. d. 01-0433
nigm,a. a. 09-0183
nigmatulin,r. 01-0260
nigro,m. a. 02-0631
nijazov,n. s. 10-0531
nijazov,n. s.-a. 02-0326 03-0269
nijazov,s.-a. 02-0065
nijeboer,h. 01-0317
nikiforov,s. n. 09-0407
nikil"-burskijj,n. i. 02-0393
nikil"burskijj,n. i. 02-0329
nikitin,ju. k. 06-0395
niklaus,helmuth 02-0320
nikolaev,a. s. 07-0061
nikolaev,p. 12-0778
nikolaeva,a. v. 02-0544
nikolaeva,e. t. 02-0414
nikolaos p. 08-0330
nikolov,ivan 10-0524 11-0171
nikolov,nikolajj 09-0201
nikolova,n. s. 01-0089
nikolova,sahbina 06-0190
nikonorenkov,v. f. 09-0157
nikonorov,i. v. 01-0595 09-0441
nikonorov,s. i. 12-0643
nikonova,a. 02-0593
nikonova,r. s. 09-0438
nilssen,j. p. m. 04-0530
nilssen,jens petter 07-0464
nilssen,jens petter moritz 11-0495
nilsson,nils-arvid 04-0476 04-0596
nilsson,stefan 01-0439
nilsson,ulf 07-0026
nimura,noriyuki 08-0042 08-0043
nio,noriki 03-0045
nir,i. 07-0363 10-0385
nishide,eiichi 05-0273
nishimura,akira 06-0292 06-0297
nishimura,k. 03-0055
nishinaka,yoshihiro 05-0280
nishizawa,toyohiko 07-0576
nissen,t. 12-0748
nitsan,z. 07-0363
nitsan,zafrira 10-0385
nitter,g. 07-0178 09-0316
nitzsche,gunther 04-0313 12-0382
nix,w. 03-0293
noakes,d. l. g. 05-0304
noakes,david l. g. 04-0593
noble,r. c. 12-0442
noblet,j. 02-0127 08-0223 08-0224 08-0232 09-0004
nocek,j. e. 01-0202
noerenberg,ingo 08-0470
noerenberg,p. 05-0014
noergaard,peder 06-0156 12-0008
noga,edward j. 08-0420
nogaard-nielsen,g. 11-0397
nogowski,leszek 09-0539
noguchi,tomoo 09-0040 09-0041
nogueira filho,jose carlos machado 02-0001 02-0002
noguera,j. l. 02-0307
nohner,hans-peter 07-0650
nolan,j. v. 05-0019
nolan,thomas g. 10-0076
nomura,tetsuichi 09-0519
nomura,teturo 06-0137
nonn,h. 07-0270
noonan,katherine c. 01-0648
noordewier,g. j. 03-0266
nord,m. e. 01-0584
norell,l. 12-0744
norheim,gunnar 01-0597
norman,anthony w. 04-0034 11-0030
norman,h. d. 12-0205
norrgren,l. 12-0471
norris,r. t. 02-0272
norris,therese a. 12-0172
norrman,eric 06-0155
northcote,r. g. 01-0469
northcote,t. g. 01-0469
northey,d. l. 04-0688 10-0652
norton,b. w. 09-0253 12-0353
nose,norihide 09-0048
nosova,l. p. 05-0412 05-0413
noue,j. de la 11-0544
nour,a. y. m. 10-0225
novaes,nelson jose 11-0658
novak,ladislav 12-0316
novikov,g. g. 02-0411
novikov,ju. f. 11-0043
novikov,l. s. 04-0237
novikov,m. ju. 11-0043
novikova,a. s. 09-0402
novobilska,hana 01-0074
novoselov,a. p. 06-0283
novoselova,z i. 10-0469
novozhenin,r. p. 12-0631
novy,j. 10-0214
nowak,ewa 03-0169
nowak,marian 01-0582
nowak,p. 02-0285
nowak,peter 02-0621
nowak,wojciech 07-0486
nozhchev,stefan 06-0208
nuemann,wilhelm 07-0430
nuernberg,gertrud 01-0503
nuernberg,gertrud k. 10-0428
nuernberg,h. w. 05-0424
nuernberg,k. 04-0339
nuernberg,karin 03-0260
nuesslein,k. 06-0245
numachi,ken-ichi 05-0292
nunez,m. 08-0157
nuri,a. k. 07-0333
nurpeisov,a. b. 02-0240
nutt,l. c. 05-0054
nyman,m. 01-0119
nys,y. 03-0285 07-0316

o"brien,w john 04-0490
o"connell,michael f 10-0439
o"connor,j. m. 04-0495
o"donnell,j. 05-0317
o"keeffe,l. e 10-0654
o"keeffe,michael 02-0071
o"leary,john a. 03-0376
o"neil,d. j. 03-0018
o"neill,m. e 03-0002
oates,david w 07-0432
oates,p. s. 09-0006
obara,yoshiaki 11-0297
obchinnikov,a. 08-0159
obermaier,r 07-0498
oberthuer,walter 07-0407
obiekezie,a. i. 12-0700
obled,alain 09-0018
obr,thomas 12-0695
obradovic jasna 01-0606
ochetim,s. 09-0347
ochodnicky,d 01-0242 02-0266 02-0268
ochrimenko,w 11-0006 11-0231 11-0233 12-0125
ocker,h -d 12-0113
ocsag,i. 07-0618
ocsag,j. 04-0651
ocvirk,alenka 04-0467
ocvirk,joze 04-0502
oddy,v h 09-0003 12-0020
odehnal,frantisek 04-0313
odic,richard 08-0150
odle,j. 04-0003
oechsner,h 06-0086
oedum,lars 10-0080
oehmichen,p 08-0174
oekland,steinar 11-0428
oerberg,jan 12-0462
oersi,a. 08-0496
oersi,f 11-0061
oerskov,e o 03-0011
oerskov,e r 04-0009 04-0016 07-0050 08-0020 08-0029 09-0218 11-0015 12-0291
oeser,klaus-dieter 12-0580
oeskarsson,sumarlidi 11-0461
oesterreich,dorothee 01-0682 02-0632 04-0694 07-0653
oesterreich,hannelore 03-0152
oestholm,thomas 08-0294
oevernes,gunnar 01-0065 06-0127
oezdemir,niyazi 07-0604
ogajj,v o 09-0557
ogata,hiroshi 06-0313 07-0408 10-0575
ogez. j. r 01-0046
ogier,helene 08-0030
oglesby,ray t. 01-0540
ogul",r a. 07-0484
ogundero,vincent w 11-0081
ogunfiditimi,t. o 07-0304
ogunmodede,b. k. 12-0216
ogurcov,g. i. 09-0473
ogurcova,s. v 09-0473
oh,william 10-0138
oh,youn-keun 10-0581
ohashi,o. 10-0650
ohashi,t. 11-0413
ohe,werner von der 08-0486 09-0580
ohkubo,shin-ichi 06-0275
ohkutsu,s. 08-0503
ohle,h o. 03-0270
ohmacht,r 04-0055
ohrtmann,j. 09-0299
ohshima,mitsuaki 10-0149
ohta,hiromi 05-0396 06-0297
ohta,hiroyuki 05-0446
ohtomo,masao 10-0413
oikawa,takuro 12-0213
ojala,matti 12-0749
ojjsbojjt,m. i. 12-0715
oka,kazuhiro 09-0031
okada,i. 10-0614
okada,junya 10-0116
okaeme,a. n 12-0700
okalarczyk,st. 11-0301
okalarczyk,stanislawa 03-0247 12-0357
okamoto,m. 02-0199
okamoto,nobuaki 10-0562 10-0569 11-0628
okano,t. 03-0055
okolelova,t. m. 05-0025 12-0053
okolksi,adam 09-0076
okolyshev,s m. 05-0173
okonski,jerzy 01-0083
oksche,a. 09-0385
oksijuk,o p 09-0380
okubo,y 10-0660
okulicz,william c. 12-0096
okumura,j. 03-0289 05-0016
ol"khovskaja,l v 01-0229
olafsdottir,kristin 06-0039
olah,j. 02-0525 03-0416 03-0417 03-0506 09-0432 11-0487
olano,augustin 11-0057
oldenbroek,j. k. 05-0113 11-0193 12-0209 12-0296
oldham,c. m. 05-0546
oldroyd,b. p. 04-0661
olechnowicz,jan 05-0144
oleinik,v m. 11-0644
olejjnik,e. i. 09-0122
olejjnik,v m. 10-0597
oleksowicz,andrzej s. 05-0332
olesen,michael 11-0496
olihjjnik,z. g. 09-0023
oliveira,maria ely miserochi de 02-0002
oliver,k. j. 09-0613
oliver,n. p. 07-0529
oliver,r l. 12-0559
olle,bori l. 06-0326
ollivier,l 10-0313
olofsson,birgitta 01-0059
olowookorun,m. o. 12-0461
olsen,eli v 12-0397
olsen,haakan 11-0531
olsen,rolf e 09-0509
olsen,t. c. 03-0343
olsson,o. 01-0342
olsson,ulf 11-0409
oltenacu,e a. branford 03-0001
oluokun,j. a. 01-0060
olveira fernandes,luis carlos de 11-0175
omar,eglal ali 06-0312 08-0365 09-0463
omarkozhaev,n o. 10-0255
omel"chenko,v t. 08-0371
ono,m. 10-0614
ono,shin-ichi 10-0415
onodera,ryoji 06-0009
onuma,hedeo 01-0675
oordt,p. g. w j. van 11-0572 11-0576 11-0579
oorschot,r w a. 10-0543
oostenbach,p. 09-0341
opel,g 06-0221
opitz,olaf 09-0165
oppermann,r 12-0657
oravcova,a. 04-0226
orazaliev,b. 10-0657
orban,l 04-0598 08-0423
orgeur,p. 11-0112
orishich,m. p 07-0563
orlov,a. v 10-0187
orlov,ju. 10-0484 10-0499
orlov,ju. i 12-0616
orlov,l v 02-0393
orlova,a. 08-0210
orlova,eh l 09-0420
orme-johnson,w h 07-0055
oross,d 11-0141
ortega,caridad 08-0230
orth,donald j. 03-0479
ortiz,f 04-0195
orwin,d. f. g. 05-0156
os,carel h. van 01-0043
osa,mercedes de la 04-0392
oscar,t. p 02-0057
oschika,e. 02-0159 07-0230
osetrova,i. d. 12-0735
oshima,ken 09-0455
oshima,yuji 10-0578
oshio,shuichi 06-0003
oshiro,takashi 11-0446
osikowski,maciej 03-0212
osinovskaja,l. 03-0318
osipjan,ju. 04-0416 09-0354
osipova,l a. 12-0630
oslage,h j. 06-0024 07-0019 08-0002
oslage,hans joachim 03-0274
ostapchuk,p. p. 01-0299
ostapec",m. g 12-0039
ostapenko,v i. 01-0229
ostashko,f ih 01-0667
oster,a. 01-0304 02-0311 04-0314 04-0315 07-0264 07-0265 07-0266
osterberg,donald m. 04-0481
osterc,j. 02-0181
osterkorn,k. 02-0153
ostrofsky,milton l. 08-0331
ostroumova,i. 10-0507
ostrovskijj,v i. 06-0291 12-0502
ostrowska,wanda 08-0481
ostrowski,j. e b. 08-0501
ostrowski,romuald 02-0594
otani,teruo 12-0081
otchere,e o. 10-0261
otel,v 11-0677
ototake,mitsura 07-0595
otpushhennikov,v 03-0323
ott,e a. 12-0754
ott,r s. 01-0249 10-0129
ott-ebbesen,lisbeth 01-0693 01-0696
ottaway,j. m. 09-0044
otto,m. 03-0048
ovcharenko,eh v 02-0018
ovchinnikov,a. v 11-0682
ovchinnikova,l. ju 09-0122
overbecke,a. p. van 10-0412
overbeeke,a. p. van. 09-0391
overfield,n. d. 11-0696
overskei,t. l. 03-0574
ovinnikova,v v 10-0535 10-0536
ovsienko,a. i. 08-0115
owen,j. b. 07-0199 07-0612 07-0613
owens,winona j. 03-0489
owern,robert m. 01-0495
owsianny,jacek 05-0175
owusu-frimpong,m. 06-0259
oyaert,t. 11-0691
oyedipe,e. o. 02-0622
oyen,f. g. f 12-0676
oyewale,j. o. 12-0461
ozaki,hisao 06-0356
ozernjuk,n. d. 05-0386
ozherel"ev,g. f 09-0239
ozimek,l. 05-0012 05-0013
ozinkovskaja,s. p. 07-0494
ozols,a. ja. 03-0104
p"jankovskijj,p. 08-0159
p"janov,v 10-0565
p"javchuk,k. f 08-0172
paape,m. j. 10-0097
pacakova,vera 12-0070
pace,judith g. 09-0051
pace,mario 11-0070
packer,dianne e 01-0632
pacynko,katarzyna 03-0226
padeanu,ioan 12-0328
padletskaja,n. 01-0266
paducheva,a. l. 03-0219
paenzenboeck,ilse 12-0768
paerl,hans w 10-0446
page,b. denis 06-0074
page jun.,robert e 04-0677
pagga,udo 08-0391
pagliani,l 04-0017
pahl,g. 02-0548
pahl,h. 11-0247
pahl,hubert 11-0250
pahle,t. 04-0024 05-0015
pahlow,g. 01-0080
pahrvanova,viktorija i. 04-0209 05-0131
pain,virginia m. 12-0018
pairet,m. 08-0468
pais,i. 03-0268 07-0290
pajak,j. 08-0007

pak,i. v 05-0371
pak,t. a. 03-0197
pakalne,d. 02-0060
pakhruev,s. a. 03-0078
pakulska,daria 04-0571
pakulska,elzbieta 10-0397
pal"chuk,s. 10-0503
pal"m,tojjvo 02-0451
palahin,s. m. 12-0609
palamarenko,i. k. 06-0197
palaznik,n. v 03-0037
palfijj,f ju. 01-0204 03-0187
palimaka-rapacz, grazyna 08-0444 08-0445 08-0447 08-0469
pallister,s. m. 12-0344
palmer,e 07-0657
palmer,r m. 12-0059
palmer,t. norman 06-0023
palmer,w m. 06-0122 06-0123
palmquist,d l 03-0176 11-0007
paloheimo,j. e 08-0332
palovics,a. 04-0680
palumbo,a. v 04-0522
palumbo,antzony v 07-0476
palzenberger,m. 11-0430
pan,pearl w 07-0065
pan"kov,p. 02-0376 07-0356 07-0357
panajjotov,petahr 01-0272 06-0199
panajjotov,petahr b 11-0137
panas,e a. 02-0466
panasenko,n. m. 06-0264
panczak,zdzislaw 10-0165
panda,j. n 11-0412
pandey,k. 10-0580
panella,s. 09-0506
panichev,n a. 01-0037
panicke,l. 12-0219
panicke,lothar 03-0138
panikar,i. 02-0389
panin,n m. 04-0327
pankratova,e 10-0470
panov,v p. 09-0481
pant,m. c. 03-0394 12-0543
pantastico,j. b. 06-0344
panyschew,n 11-0188
panyschew,nikolaj 12-0189
papaparaskeva-papoutsoglou,elli 03-0431
paperna,ilan 03-0503
papp,g. 04-0358
papp,j. 04-0346
papstein,h j. 03-0154
papstein,hans-juergen 02-0194
paquay,r 11-0283 11-0285 11-0290
paquignon,m. 08-0087 10-0131 10-0132
parasjuk,i p. 09-0282 10-0320
parazo,monina 04-0577
pardue,s. l 10-0059
parente,augusto 07-0036
parey,k. 01-0608
parfenov,v 11-0654
parfenova,v m. 06-0314
parizek,j. 02-0475
parkanyi,vladimir 10-0600 10-0602
parker,d s. 05-0018 08-0046
parker,g r 11-0334
parker,gary 01-0355
parker,nick c 03-0339 03-0452 03-0453 04-0512 05-0478 06-0394
parker,r j. 11-0275
parkins,j. j. 04-0019
parkinson,eric a. 08-0354
parkinson,t. j. 06-0452
parks,j. r 04-0345 12-0073
parratt,a c. 08-0180
parrish,christopher c 08-0349
parry,r t. 10-0675
parsch,lucas d 10-0251
parshina,l 03-0404
parshina,l m. 09-0381
parsons,james e 02-0492
partridge,i. g. 04-0124 04-0353 08-0024 12-0072
partyka,d 10-0212
parunakjan,e 10-0511
parusel,reiner 07-0637
pascaud,a. 11-0058
pascaud,m. 11-0058
paschaleris,g 07-0105
pascho,r j. 05-0443 08-0416
pascho,ron j. 05-0451
pascoe,d 09-0525
pascoe,david 07-0559
pascoe,gary a. 04-0056 06-0039
pashen,r l 04-0698
pashhitnova,g. 11-0373
pashkevich,a. i. 01-0533
pasierbski,zdzislaw 01-0125 01-0212 01-0213
paska,j. 04-0368
paskaleva,elena 04-0537
passille,anne-marie b. de 09-0271
pastor,agustin 09-0025
pastuszewska,b. 04-0116
patay,s. 04-0651
patel,i 10-0071
patkowska-sokola, bozena 02-0258
patreva,l 01-0367
pattee,e 07-0423
patton,k. l 02-0290
patzner,robert a 10-0420
paul,lothar 09-0434
paulicks,b r 01-0040 08-0019
paulicks,brigitte r 02-0209 05-0105
paulke,thomas 04-0331
paulsen,ingrid 06-0024
pauw,r 10-0390
pavic,vesna 08-0175
pavico,josefina ma f 11-0561
pavlaskova,m 05-0465
pavlenja,a. k 03-0073
pavljuchenko,i 02-0372
pavljuk,i m 06-0043
pavlodol"skaja,v 01-0292 04-0308
pavlov,d a. 06-0255
pavlov,d s. 01-0462 02-0546 07-0405 09-0416
pavlov,dima a. 11-0551
pavlov,dimitrij s. 05-0309
pavlov,v 01-0257 04-0277 08-0245
pavlov,v d 01-0350
pavlov,v i 02-0046
pavlova,s. 09-0072
pavlovskaja,l p 05-0318
pavzner,i. 08-0243
pawlina,edward 02-0183
pawlosky,robert j. 03-0060
pawolski,dagmar 07-0237
paysen,jim 04-0670
peacock,c. p. 05-0139
pearce,d t. 05-0546
pearce,william a. 01-0450
pearson,g 01-0311 10-0295
pearson,james d 06-0055
pearson,r e 10-0178
peasetyo,l h 03-0002
pechar,libor 05-0354 10-0438
pechenova,t. n. 10-0023
pechhacker,h. 01-0661 05-0510 06-0432 07-0642 08-0485
pechkurov,n a. 07-0259 08-0200
pechnikov,a. s 10-0465
peckmann,p 12-0479
pedersen,christian lentz 11-0543
peduzzi,raffaele 02-0552
peel,c j. 10-0209 12-0234
peel,s. 08-0151
peerlings,j. 12-0415
pehrson,bo 07-0109
peiniau,p 03-0264
peirson,graeme 01-0473
peitz,beate 04-0381
pejjch,n n 02-0575
pejjchevski,ivan 01-0251 02-0276 10-0277
pejsak,zygmunt 06-0458
pekh,g 03-0424
pel"menev,v k. 07-0633
pelczynska,elzbieta 10-0322
pelekhatyjj,n s 02-0165 07-0173
peli,c 04-0140
pelipenko,m. ju. 05-0272 07-0599
pelle,e 07-0242
pelletier,g 07-0003 09-0271
pelletier,j. 11-0112
pelz,gerhard rudi 03-0358
penaz,milan 05-0294 05-0428
pendleton,r j. 03-0576 09-0603 09-0606
peng,c. 02-0612
peng,raymond k 10-0019
penko,a. m. 07-0472
pensri tangkanasing 09-0590
pentjuk,a. a. 10-0055
penuelas,josep 03-0398
peo jun ,ernest r 11-0047
pepelina,v a 11-0092
pepper,v a. 07-0529
perceva,m. n 01-0435
perdenia,leonard 01-0183
peregudova,v 02-0224
pereira,jose aldemir alves 12-0407 12-0408 12-0409 12-0410 12-0414
pereiro,m. 08-0160
perekalin,ju. a. 02-0241
perel"dik,n sh 09-0535
pereladov,m. v 05-0411
perenyi,m. 04-0437
peretickijj,v i 05-0060
perez,berta 08-0132
perez,israel 11-0244
perez,p 04-0392 10-0351
peric,i 09-0234
perlman,kato 07-0053
perminov,l g 12-0579
peroutka,miloslav 10-0630
perreault,n a 10-0368
perrin,j. 07-0660
perry,diana 07-0240
perry,f g 01-0397
perry,g. c 01-0401 10-0393
perry,james a 04-0524
perry,s f 03-0340 03-0341 03-0342 10-0410 12-0477
perschbacher,peter w 06-0285
perschil,f 06-0437 06-0438
persson,lennart 08-0321
peschke,w 10-0319
pescitelli,s m. 04-0566
pesonen,s 03-0426
pesso,k. 02-0585
pestis,m 08-0281
pestis,v 08-0281
pestis,v k 10-0332
peteghem,carlos h van 06-0066
peteghem,carlos van 11-0060
peter,v 03-0099 05-0215 05-0221 09-0302
peter,w 02-0109 04-0282 08-0079
peter,winfried 09-0265
peterhaensel,martina 09-0099
peters,barbara 09-0296
peters,f 05-0456
peters,james p 04-0067
peters,k. j. 10-0275 10-0276 12-0333 12-0334
peters,robert h 04-0521
peters,robert henry 10-0431
petersen,j. 03-0324 09-0555 10-0379 10-0383 10-0390
petersen,ralph 07-0556
petersen,uwe 03-0274
petersen,v e 05-0213
peterson,a. j. 08-0131
peterson,g. a. 10-0636
peterson,r h 01-0576
peterson,t a. 09-0612

peteva-vancheva, zdravka 10-0241 12-0012
pethick,d. w. 07-0239
petho, a gnes 02-0641
petit,m. 09-0213 11-0256
petkevich,n. p. 09-0116
petkevich,n. s. 11-0169
petkov,georgi 01-0095 06-0206
petkov,ivan 09-0592
petkov,petko il. 07-0174 12-0167
petkova,mariana 06-0017
petkowski,jan 03-0077
petljakov,a. t. 09-0164 12-0196
petranka,james w. 03-0371
petrash,m. 05-0206
petrenko,i. p. 02-0143 02-0643
petrenko,l. a. 08-0439
petrenko,v. p. 10-0510
petrere jun.,miguel 08-0356
petri,a. 01-0006
petrikov,a. m. 09-0443
petrina,z. 01-0398 07-0355 07-0358
petrosjan,v. a. 08-0065
petrov,a. i. 09-0239 10-0264
petrov,f. a. 12-0612
petrov,k. 12-0163
petrov,malcho 06-0447 06-0465 07-0648
petrov,n. 10-0474
petrov,v. 10-0156
petrova,g. g. 12-0737
petrovic,b. 04-0514
petrovic. grozdana 05-0345
petrusha,e. z. 11-0257
petrushko,s. a. 02-0166
petters,r. m. 04-0705
petterson,d. s. 04-0075
pettersson,dan 04-0114 06-0223
pettigrew,j. e. 01-0077 01-0331
petukhov,v. b. 09-0443
petz,leopold 04-0381
petz,michael 10-0108
petzold,petra 02-0590 08-0470 12-0750
petzoldt,r. 12-0135
peuker,alexander 05-0327
peute,j. 02-0510 02-0513 11-0576
peyraud,j. l. 01-0111
peyraud,jean-claude 10-0281
peyrot,l. m. 03-0594
pfauch,r. 05-0434
pfeffer,e. 01-0006 12-0622
pfeifer,klara 12-0629
pfeifer,m. 05-0377 08-0368
pfeiffer,h. 04-0336 04-0370 08-0201 12-0420
pfeiffer,helmuth 04-0331
pfeil-putzien,c. 12-0691
pfeilsticker,konrad 04-0049
pfortmueller,f. 01-0604
pfotenhauer,g. 08-0071
pharazyn,a. 03-0265
phelps,anthony 09-0288
philipczyk,d. 08-0003
philipsson,jan 12-0180 12-0210
phillip,l. e. 02-0273
phillip,l. p. 07-0027
phillippo,m. 09-0209
phillips,d. s. m. 05-0107 05-0108
phillips,j. d. 02-0653
phillips,s.wrence 12-0095
phillips,w. a. 12-0188
phipps,r. h. 09-0212 12-0245
pian,xi 07-0551
piasecki,michal 01-0130
piatek,barbara 08-0467
piatkovskijj,b. 10-0150
piatkowski,b. 08-0004 08-0101 09-0148 10-0232
piatkowski,bernhard 03-0006 12-0270
piazza,george j. 11-0056
picaper,g. 01-0055
pichard,p. 03-0601
pickering,a. d. 01-0423 05-0267 06-0256
pickhard,a. 07-0626
picugina,e. 02-0186
piekarzewska,a. b. 09-0328
piekarzewska,alina barbara 03-0009
pieroni,g. 01-0052
pierson,r. a. 01-0087 01-0088
pierstrak,tadeusz 12-0335
pierzynowski,stefan grzegorz 06-0013
pieta,miroslaw 02-0245
pieterse,m. c. 12-0173
pietrischka,g. 07-0100
pietruschka,eva 09-0225
pietta,pergiorgio 11-0070
pigarev,n. v. 04-0417
pigariv,n. 02-0382
pike,j. wesley 04-0059 04-0060
pikhlak,arno 08-0397
pikhu,eh. 01-0538
pikina,n. i. 08-0152
pikula,ryszard 05-0500
pilarczyk,adam 01-0323 02-0336
pilarczyk,andrzej 02-0474 02-0553 07-0444 07-0499
pileckaja,i. v. 06-0433
pilipjuk,e. a. 11-0167
pilko,p. 02-0623 03-0200
pilla,a. m. 10-0290 10-0291
pilz,j. 02-0109
pimenov,b. 04-0423
pimenov,b. v. 11-0400
pimenova,t. 11-0377
pinchasov,y. 07-0363 10-0385
pingel,h. 05-0236 06-0093 06-0103 06-0209 09-0344 09-0349 11-0646
pingel,heinz 03-0310
pinheiro,j. w. 02-0011
pinheiro,l. e. l. 11-0166
pinkas,avram 12-0362
pinter,zsolt 02-0641
piotrowska,krystyna 10-0200
piotrowska-opuszynska ,wanda 07-0514
piotrowski,jerzy 10-0234
pip,eva 05-0334 05-0335
piperova,liljana 06-0027 06-0028 06-0029
pirchner,f. 01-0093 10-0220 12-0430
pirkelmann,h. 03-0069
pirozhnikov,p. l. 12-0464
piskac,a. 02-0048
pistek,t. 11-0066
pisulewski,pawel 03-0103
pitcher, tony j. 03-0368
pitcher,t. j. 05-0299 05-0300
pitot,henry c. 09-0042
pitra,ch. 07-0147
pitran,b. v. 02-0007
pitre,alberto mieres 05-0050
pitzel,l. 08-0510
pivazjan,s. a. 12-0525
pivnjak,i. g. 11-0051
pivnjak i. g. 11-0227
pizon,veronique 01-0059
pizzi,f. 02-0148
pizzillo,m. 10-0290
pjarnaste,eh. 07-0390
pjatrauskene,l. 11-0438 11-0442
pjazanov,g. 08-0190
pjjkalajjnen,v. k. 12-0313
plaia,william c. 06-0393
plaisted,s. m. 10-0100
plakhotnikov,a. g. 10-0302
plakhotnyjj,o. v. 02-0418
planas,j. 01-0417
planas,teresa 04-0169
plank,j. 01-0036
plante,l. 12-0794
plantikow,harald 10-0414
platzer,u. 05-0265
plaur. krystyna 01-0390
plemjannlkov,a. g. 03-0220
plesnik,j. 07-0083 08-0515 10-0124
plested,c. paul 11-0040
plewik,piotr 10-0376
plickova,vera 02-0230
plieva,t. 10-0474
plishkina,k. i. 01-0250
pljashhenko,s. i. 06-0125 07-0220 11-0110
plomann,juergen 01-0542 02-0404
plotnikova,m. n. 02-0144
plumb,j. a. 01-0612 10-0557
plumb, j. a. 01-0619
poczyczynski,pawel 07-0523
poczynajlo,symeon 01-0181 01-0183 09-0162
podebradsky,z. 03-0153 09-0194
podell,elaine r. 02-0072
podgorbunskijj,v. k. 12-0246
podgurskijj,a. 08-0192
podkolzina,t. m. 01-0375
podobed,l. i. 02-0207
podrazky,v. 01-0121 02-0070
podstreshnyjj,a. p. 06-0034 09-0317
podurovskijj,m. a. 10-0512 12-0670
poe,w. e. 06-0335
poel,a. f. b. van der 04-0344 04-0348 05-0011
poerschmann,j. 12-0083 12-0084
poerschmann,s. 12-0083 12-0084
poesch 02-0570
pogodaev,s. f. 09-0062
pogrebnjak,l. 07-0384
pohar,j. 12-0621
pohlhausen,h. 07-053
poindron,p. 09-0097
pointillart,a. 01-0029 08-0225
poitevin,p. 02-0147
poka,g. 06-0474
pokatilova,g. a. 10-0279
pokhodnja,g. s. 09-0077
polanski,stanislaw 09-0191 09-0192
polansky,josef 10-060
polasek,lubomir 07-0030 10-0050
polastre,rinaldo 11-0173 11-0174 11-0211 11-0212 11-0213
polenov,a. l. 09-0493
polezhaev,v. v. 11-0240
polglase,jane l. 07-0593
poliev,khristo 09-024
polina,a. v. 05-0270
polishhuk,e. 10-0508
polishhuk,l. r. 01-0432
polishhuk,v. s. 08-0363
politiek,r. d. 12-0168
poljakov,p. 01-0171
poljakov,p. e. 03-012
poljanichkin,a. a. 04-0387 07-0318
poljarush,v. 10-0475
polkinghorne,r. w. 09-0305
pollak,e. john 03-000
pollard,j. c. 07-0437
pollay,heinz 05-0501
polten,s. 03-0241
poltorackaja,v. i. 07-0494
polumordvinov,v. p. 10-0595
polupan,ju. p. 09-0089
pomitun,i. a. 02-0261
ponce de leon,raquel 10-0222
poncet,simone 07-0124
pond,w. g. 01-0321
pond,wilson g. 01-0271
ponder,b. a. j. 05-0556
ponomarenko,m. m. 11-0116
ponomarev,a. 07-021
ponomarev,n. v. 02-0335
ponomarev,s. v. 12-0648
ponomareva,eh. kh. 11-0317
ponton,d. 12-0524
ponyi,j. e. 07-0557
ponzoni,r. w. 09-023

pool,d w 12-0708
pool,s.h 09-0606
poole,d a. 09-0214
pop,p 11-0259
12-0044
pop,t. 04-0365
pop,v 04-0167
popa,l l 02-0466
pope,g. s 11-0681
pope,w f 08-0507
10-0662
popek,w 09-0444
popov,a. b. 05-0134
popov,d 08-0119
popov,e t. 04-0676
popov,n a 09-0169
popov,v i 09-0143
popova,l 02-0224
02-0382
popova,l v 12-0611
popova,r ju. 03-0143
popovic,d 04-0514
popovic,ivan 08-0492
popovsky,jiri 02-0453
popow,w 03-0525
popow,wladimir
02-0591
popp,w 05-0450
poppe,s 04-0112
04-0128 05-0181
06-0002 07-0207
08-0025 11-0146
poppi,d p. 12-0153
poradzisz,zofia
12-0336
porath,dan 07-0468
porcalova,p. 03-0381
05-0326
porter,c. b 04-0589
portillo,m p 03-0047
portt,cameron b
04-0593
portugal,l. p. s.
04-0479
pospisil,z 12-0695
12-0697
posselt,u 01-0622
post,john r 01-0487
post,t. b 02-0149
potapov,v a. 07-0609
poteczin,e 07-0063
potepatova,v 09-0159
potkanski,a. 03-0226
04-0120 07-0009
08-0021
potokova,katarina
04-0274
potorkhov,a. s.
07-0535
potter,l m. 03-0319
11-0407
potthast,v 03-0180
05-0106 06-0175
07-0204 10-0064
11-0254 12-0288
pottinger,t. g
05-0267 06-0256
poulenc,jean 11-0302
poulton,a l 05-0145
povz,m. 04-0507
04-0594
powell,k. a. 12-0484
powell,r 07-0428
powell,r l 12-0205
power,g. 03-0337
power,geoffrey
04-0486
powrie,w d 10-0025
poxton,m g 06-0391
11-0538
poynton,s l 03-0495
pozdnjakova,n s
02-0347 10-0346
praagh,j. p van
03-0548
prabucki,joroslaw
04-0663
prache,sophie 03-0235
prachow,l 01-0144
prada,flavio 01-0114
praks,ja. o 12-0313
prasad,m s. 01-0618
02-0568 09-0527
prasad,p 02-0568
prather,r s 05-0541
10-0643 12-0791
predel,g 10-0586
preisendorfer,rudolph
w 01-0529
preisinger,r 10-0196
12-0748
prekoppova,jarmila
04-0255
prelusky,dan b
12-0109
premazzi,guido
03-0470
prentice,e f 08-0307
pres,jerzy 05-0135
prescott,nicola j.
01-0329
presing,m. 07-0557
prestegard,james h
08-0048
preston,a. p 08-0097
presuhn,u. 12-0355
pretzel,m. 01-0567
preuss,f 07-0077
prewitt,l r 10-0202
price,j. 07-0105
pridal,s 05-0312
priebe,r 02-0234
09-0205
priebs,g 09-0260
priede,i. g 05-0471
prieger,k. 04-0426
prigli,m. 08-0411
prikhodchenko,v v
08-0118
prikryl,i. 02-0443
03-0504
prikryl, i. 04-0605
prinz,gabriele 02-0378
prinz,m. 09-0372
09-0373
prister,b s. 05-0198
06-0207
privezencev,ju.
10-0546
privezencev,ju. a.
03-0451 04-0532
05-0257 10-0474
12-0592
privezenev,ju. 10-0473
prjanisnikova,d. n
04-0160
probatov,n s.
08-0379
probst,l 10-0448
procenko,g. 10-0485
prochazkova,l
02-0449
profirov,janko 02-0213
12-0065 12-0290
proft,gottfried 11-0506
progunkov,v v
12-0769
prokhorchik,g a.
09-0443
prokhorenko,p u a.
03-0109
prokof"ev,m. i.
04-0682
prokof"eva s e
04-0682
prokopic,j. 02-0556
pron"kin,v i. 09-0492
pron"ko,l ju. 09-0118
pronin,g 03-0404
pronin,g m. 09-0457
10-0501
propstmeier,g
01-0341
prosinjuk,v i. 09-0459
prosperi-porta,l
11-0612
prot"ko,s. s. 11-0311
protasov,a. a. 09-0437
protasov,b i. 03-0140
protasov,f v 10-0140
protasowicka,anna
12-0495
protasowicki,mikolaj
12-0675
proudfoot,f g
04-0401 04-0411
08-0270
proulx,j. 03-0030
provatorov,g. v
01-0214 02-0013
02-0019 02-0228
02-0331 12-0405
provenzano jun.,
anthony j. 06-0341
prozorov,a. a.
03-0122
pruder,gary d
01-0525
prudov,a. i. 04-0148
prunier,armelle
06-0188
prusova,l s. 11-0279
prygunkov,v 08-0064
prym,e 10-0123
prym,r 02-0128
02-0129
przybyl,antoni 01-0546
przytulska,bozena
06-0142
psenica,jan 11-0204
12-0251
ptashkin,a. a. 02-0212
puchajda,helena
02-0391
puchajda,zbigniew
09-0188 10-0170
10-0199 10-0213
10-0215 10-0218
11-0209
pudney,j. 12-0652
pugacheva,a. 03-0315
03-0316
puigserver,antoine
08-0027
pujin,vlasta 05-0345
pulina,g a 04-0532
10-0473 10-0478
pulkrabek,j. 05-0177
puls,r 11-0230
puncheva,margarita
11-0035
pundik,v p 01-0299
punia,b s. 04-0005
puntila,marja-leena
12-0332
purmal",a. p 12-0585
pursel,v g 12-0800
pushbarnehk,eh b
06-0299
pustovojj,v v
02-0025
putinceva,v a.
06-0248
putjatihn,ju. o
06-0097
putsche,m 09-0372
09-0373
putten van,g 02-0231
pyanov,a. i 01-0462
pyl,l l 07-0477
pyrzak,r 11-0396
pys,jan 12-0337
12-0338
pysera,b 07-0274
pyska,helena 01-0237
10-0208
quanz,g 08-0186
quere,m. 03-0468
quig,jan 03-0068
quigley,michael a.
01-0492 12-0274
quigley,micheal a.
12-0275
quiguang,h 04-0103
quinlan,e 10-0557
quinton,m. 04-0318
10-0324
quirke,j. f 04-0696
09-0616 12-0051
quoss,heinz 01-0543
03-0397
qvenild,t. 05-0418
07-0441
raake,h 08-0366
raasch,m -l. 02-0620
raastad,nils 08-0120
rabchenok,v 10-0499
rachjunas,l 11-0521
11-0566
rachkovskijj,m. l
02-0237 03-0195
03-0196 03-0199
10-0268 11-0281
racowsky,c. 09-0608
raczek,jozefa 06-0096
rada,k. 07-0175
radchenko,v f
06-0151
radchenko,v v
11-0160
radchenkov,v p
02-0067 02-0068
06-0019 06-0061
radev,vergil 11-0375
radnai,l 04-0334
rado,n e. 12-0702
radomyski,tomasz
10-0083
radovic,b. 09-0234
radulescu,laura
06-0100
radwan,a. a 07-0314
08-0268
radzhabli,s. i 07-0608
radzik,jozef 12-0335
radziszewski,boguslaw
03-0204
radziun,krzysztof
11-0448
rae,a. l 11-0194
rae,r 09-0105
rae,r c 09-0210
12-0292
rafay,jan 10-0600
10-0602
rafiroiu,r 06-0434
raghavan,s l 11-0487
ragheb,hussein s
10-0113
rago,paul j. 03-0476
ragsdale,david
07-0643
rahe,c h 10-0641
rahe,r 07-0594
rahm,sylva 09-0176
rahman,m s. 12-0488
rahnefeld,g. w
04-0151 07-0164
07-0165 12-0195
raimondi,r 11-0270
rainbow,p s. 01-0509
rajaguru,sundara b
12-0038
rajamahendran,r
09-0598
rajic,i. 04-0357
rajja,tijju 08-0406
rajjchev,svetoslav
03-0223 05-0155
05-0157 09-0245
10-0277
rajmund,rys 03-0301
raju,kaliannan 12-0078
rajya,i.kshmi 11-0619
rakhim,abdul sakhib
khabib 07-0536
rakhimov,i. kh
01-0209
rakhimov,k. 10-0280
rakhmanov,l 01-0411
02-0397
rakisheva,k. a.
01-0176
rakowska,maria
04-0123
rall,w f 02-0642
03-0577 06-0445
ralston,sarah l
11-0657
ramane,i. a. 05-0059
rambeck,w a.
10-0048
ramberg,lars 10-0437
12-0553
ramboz,j. o builly
08-0179
ramirez,a. 08-0001
rammunnc,l 12-0399
ramneantu,nicolae
12-0328
ramos,j. 03-0465
ramos,mercedes
11-0057
ramotsa,j. 08-0496

rampacek,g b. 12-0365
randall,d. j. 09-0400
randall,david 01-0428
randall,g. c. b. 01-0290 04-0305 12-0376
randel,r d 09-0599
randolph,j. h. 11-0336
randolph,j. r 11-0333
rankin,edward t. 08-0314
rankin,j. c. 05-0268
rao,dinesh 11-0076
rao,p s. 07-0459
rapczynska,irena 11-0119
rapp,j. 01-0620 04-0615
rasch,dieter 04-0090
raschke,ronald l 08-0347
rasero,r 11-0454
rasmussen,joseph b. 08-0339
rasmussen,kathleen m. 10-0009
rasotto,m. b. 06-0260
raspopov,i. m. 04-0520
raspopov,v m. 02-0416
rastimeshin,s. a. 03-0237
rastunov,ju. i. 05-0080
rasulov,i. r 06-0110
ratcliff,d 05-0047 08-0110
rath,d. 08-0086 09-0268
rath,w 05-0518
ratheiser,norbert 05-0094 05-0095 08-0121
rathwell,a. c 05-0548
rattenberger,e 01-0609 12-0092
rauch,h -w 02-0353
raum,william j. 08-0060
ravera,o 05-0422 11-0491
ravie,o. 03-0286
ravindran,valmurugu 12-0038
rawle,j. e 05-0540
ray,p. k. 07-0553 10-0548 12-0678
ray,s. 05-0425
raya,l. g 01-0364
razamaskin,a. 08-0261
razani,hossein 02-0565 02-0566 08-0383
razhamuradov,z. t. 07-0243
raziuddin 06-0355
razmashkin,d a. 07-0598
razoznaev,k m. 02-0251
razzorenova,e a. 10-0601
rea,harry 08-0384
read,robert w 02-0093
rebdev,ju l. 05-0114
rebsamen,a. 07-0258 12-0388
rech,lieselotte 12-0186
reche,a. 06-0031
recknagel,r -d. 05-0436 07-0479
red"ko,n v 07-0288
reddin,d g. 02-0419
reddy,c. v 10-0377
reddy,p. g. 10-0052
reddy,s. ravichandra 04-0571
redekopp,carolyn 01-0241
redel,h. 04-0325 04-0330
redel,u. 03-0241
redenkov,a. i. 05-0055
reebs,s. g. 03-0369
reed,donald j. 04-0056
reeds,p. j. 04-0021 10-0014 10-0015 11-0015 12-0059
reeve,a. 09-0210 12-0292
refai,m. 05-0450
refenner,k. 08-0485
refsdal,arne 06-0127
regaldo,d. 05-0089
regius,a. 02-0081 02-0088 11-0150
regiusne moecsenyi a. 07-0185
reglieri,m. 01-0562
regnier,fred e 05-0032
rehbock,f 01-0682 03-0115
rehda,l 12-0164
rehfeldt,ch. 07-0090 10-0134 10-0136
rehfeldt,gunnar 05-0350
rehhahn,h 07-0068
rehnberg,b. g. 12-0472
rehner,g. 08-0032
rehout,vaclav 10-0166 10-0167
rehulka,j. 04-0614
reichel,peter 04-0053
reichen,f 09-0594
reichhoff,lutz 12-0550
reichle,g. 07-0498
reichlmayr-lais,a. m. 01-0040 02-0054 03-0059
reichmuth,j. 11-0082
reid,g w 09-0218 12-0291
reimer,l w 04-0617
reimer,lothar w 05-0474
reinecke,p. 02-0219
reinecke,peter 02-0066 09-0168 12-0199
reinecke,sibylle 10-0304
reinertsen,helge 01-0504
reinhardt,f 12-0241
reinhardt,t. a. 03-0049
reinhold,h. 07-0581
reinhold,j. 02-0157 12-0217
reinhold,vernon n 08-0049
reinisch,f 05-0015 11-0332
reinsnes,t. g 04-0550
reisnerova,hana 10-0105
reiter,k. 06-0103
reiter,susanne 09-0173
rejduch,barbara 10-0197
rejjmer,v 07-0128
rejjntam,eh a. 03-0035
rekdal,yngve 10-0292
reklewski,zygmunt 12-0193
rekov,ju. i. 12-0499
rekubratskijj,a. v 09-0446
relve,p. f 12-0625
remane,adolf 07-0078
rembold,heinz 10-0610
remesy,christian 10-0031
remeth,hermann 08-0403
remke,harald 12-0056
renard,christine 10-0313
renard,j. p. 06-0467
renard,ph 09-0447
renaville,r 05-0026
renliang,jiang 07-0502
rennert,b. 12-0597
rensevich,o. o. 07-0206
rensis,f de 01-0669
rentfrow,l. r 09-0599
renz,heinz 07-0492
repka,i. 03-0105
rerat,a. 04-0105
resch,karl 01-0654
reschke,b. 01-0566
reshetnikov,s. i. 09-0503
reshetov,v b. 09-0103
reshetova,l v 01-0039 12-0448
resink,j. w 02-0510 11-0573 11-0577 11-0581 11-0601
reuter,b 09-0104
reuter,j. e 05-0351
rexroad,c. e 12-0800
rexroad,paul r 12-0074
rey,peter 05-0306
reyes,ofelia s. 11-0570
reyes jun.,d m. 06-0344
reynolds,christopher k. 02-0270
reynolds,colin s. 07-0461
reynolds,james b. 04-0448
rezeq,t. a. 04-0587
reznik,n. k. 02-0384
rhind,s. m. 04-0230 06-0170 12-0170
rhodes,j. 01-0662
rhodes,l d 12-0726
ribarski,stefan 04-0209
ribas,b. 01-0062
ribas,miriam 08-0132
ricard,f h. 10-0369 11-0364 11-0697
rice,james a. 07-0439
richard-yris,m. a. 07-0096 07-0335
richardson,b. w 07-0630
richardson,richard 08-0090
richarts,e 11-0282
richerson,peter j. 11-0489
richler,carmelit 06-0443
richter,a. 09-0617
richter,c. j. j. 09-0498 10-0538 10-0541 11-0578 11-0580
richter,g. 01-0133 07-0015 08-0173 09-0329 09-0330 09-0332 09-0338 09-0372 09-0373 10-0372 11-0155 11-0386
richter,g. h 07-0099 08-0171 11-0155
richter,gerd 11-0147 11-0253 12-0124 12-0125 12-0280
richter,gerhard 02-0136 04-0131 12-0447
richter,h 04-0284
richter,hartmut 03-0256
richter,j. 07-0200 07-0222 07-0298
richter,o 10-0224
richter,r f 01-0611
richter,w m. 07-0450
richter h 09-0291
rico,carman 04-0169
rico,carmen 05-0174
riddell,b. e 10-0529
rieder,h 11-0284
rieder,k. 08-0488
rieger,elisabeth 09-0069
riegman,roel 01-0486
rieker,james p. 10-0099
riemann,elke 12-0297
riemke,p 09-0071
riesner,detlev 05-0042
riethmacher,guenther 02-0613
rigby,b w 12-0363
rigby,c. 04-0706
rigler,f h 01-0530 07-0453
rijn,j. van 01-0593
rikhter,g. 02-0398
rilling,hans c 05-0045
rimmer,d w 12-0489
rinderer,t. e 01-0644 02-0597 03-0537
rinderer,t. e 03-0538 03-0545 06-0419
ringoe,einar 09-0509
ripmeester,john a. 04-0047
rist,m. 01-0348 02-0121
ristic,m. 01-0694 02-0359 10-0676
ritter,d. e 12-0003
ritter,e. 02-0301 04-0320 07-0257 12-0370 12-0373
ritter,regine 12-0024
ritter,w 06-0437 06-0438 07-0638
rivas,j. l. 03-0166 09-0206
riveri,susel 02-0323
rivero,j. l 08-0161 11-0244
rivers,j. p w 07-0024
rjabko,v m. 04-0143
rjabokon",v 07-0321
rjadchikov,v g. 04-0147
rjasenko,v ih. 07-0188
rjujjtel",a. f 12-0313
rob,oldrich 11-0161
robbins,john a. 01-0492
roberts,r j. 04-0546 06-0339
robertson,barbara 03-0393
robertson,d m. 03-0043
robertson,w m. 03-0160
robinette,h. randall 04-0570
robins,allan j. 09-001'
robinson,edwin h. 11-0568 11-0569
robinson,j. a. 04-000
robinson,j. b. 02-019
robinson,j. e 09-061
robinson,j. j. 04-0260
robinson,p. h. 05-0005 05-0006 12-0269
robinson,sian m. 09-0009
robinson,t. j. 04-0695
robitable,pierre-marie l 07-0521
robl,j. m 05-0541 10-0632
roborzynski,maciej 07-0232
robowsky,k.-d 07-0070
rochambeau,h de 06-0467
roche,j. f 12-0051
roche,patrick a. 09-0036
rock,edmond 05-0044
rockmann,k. 04-0369
rode,l. m. 02-0177 06-0146
rodewald,karin 01-0440 07-0407

rodgers,jeffrey d. 07-0410
rodgers,raymond j. 04-0035
rodrigues,j. l 09-0595
rodrigues,n l 02-0058
rodriguez,claudina 03-0296
rodriguez,henry 07-0031
rodriguez,nurys 02-0323
rodriguez,r 04-0100
rodriguez,r a. 08-0231
rodriguez-martinez,h 03-0575
rodway,r g. 12-0368
roedstroem,eva marie 11-0476
roehnisch,h -g. 10-0147
roelle,reinhold 08-0348
roesch,roland 07-0416
roeschke,c. 07-0230
roesijadi,g. 08-0393
roessler,e 12-0268
roff,john c. 03-0399
rogers,m. v 07-0027
rogers,michaela 02-0005
rogers,wilmer a. 01-0612
rogers. l b. 10-0077
rognoni,g. 02-0148
rohde,a. 03-0513
rohde,ekkard 06-0148
rohloff,d. 07-0315 08-0092
rohr,k. 06-0113 08-0002
rohr,klaus 06-0114
rojanasthien,suvichai 09-0264
rojas,maritza 05-0050
rojjerter,ja. s. 03-0284
rojjter,ja. s. 11-0410
rojkowski,alojzy 03-0524
rokicki,e. 02-0090
rokicki,eligiusz 12-0289
rokosz,bogdan 05-0475
romanello,m. g. 05-0256
romanenko,v d 05-0274 08-0290
romanov,a. a. 09-0492
romanov,l m. 05-0097
romanov,v 12-0649
romanov,v m. 02-0255
romanowski,j. 08-0083
romboli,i. 12-0454
rombough,peter j. 06-0319
romer,josef 09-0187
romer,jozef 03-0131
romestand,b. 06-0382 12-0717
romita,a. 12-0303
rommel,p. 01-0682 06-0457 07-0653 08-0513
romoshev,s. 12-0159
romruen,kanda 08-0267
ron,m 11-0199 12-0238
rone,j. d 01-0215
ronne,m. 08-0063
rood jun ,harold d 01-0069
rooke,j. a. 04-0002 09-0065 12-0005
rooke,j.a. 08-0045
roostna,a. eh. 06-0153
rooy,j. de 05-0113 11-0193
ropel,elzbieta 10-0564
roponen,terho 11-0513
ropstad,erik 06-0127
rorie,r w 03-0576 04-0685 09-0603 09-0606
rosch,laura m. 10-0047
roscheck,bruno 07-0635
roschlau,daniela 06-0457
roschlau,k 06-0457 07-0084 08-0516 11-0692
rose,s. p. 07-0374 07-0387 11-0398
rosen,rudolph a. 01-0418
rosenberger,sabine 01-0129
rosenblum,p. m. 12-0652
rosengarten,reinhard 01-0616
rosenthal,h. 06-0399
roshkovan,g. i. 09-0279
rosicky,p. 02-0561 03-0504
rosier,jan 11-0060
rosljakov,a. v 09-0536
roslyjj,ju. s. 06-0264
rosochacki,s. j. 03-0009 09-0328
rosopulo,a. 09-0045
ross,l. g. 06-0392
rossbach,f 04-0283
rossel,samuel 01-0643
rosseland,b. o. 02-0503 04-0595
rossi,giovanni 03-0470
rossi,m. a. 02-0148
rostagno,h. s. 02-0011
rostova,n. s. 06-0243
roth,eva-maria 07-0256
roth,f. x. 02-0359 05-0187 07-0273 11-0206 12-0027 12-0028
roth,h. 03-0113
roth,h.-p. 01-0036
roth,hermann 01-0148
roth-maier,d a. 03-0300 09-0345
rothbard,s. 05-0376 09-0505 12-0650
rothe,k 07-0081
rothuis,a. j. 09-0498
rothwell,nancy j. 12-0066
rott,matthias 04-0434
roubaud,p. 01-0617
rougeot,j. 02-0588
roux,m. 02-0192
rowan,t. g. 02-0006 02-0316 02-0322
rowe,j. b. 02-0272
roweck,hartmut 05-0333
rowland,c m. 08-0482
rowlerson,a. 03-0411
rowlett,karen 03-0288
rowley,m. b 04-0702
rowley,w k. 04-0702
rowlinson,p. 07-0141 07-0142 08-0165 12-0294
roy,g. l 04-0686
roybal,jose e 09-0056 09-0057
royles,p 04-0231
rozanov,a. ja. 01-0041
rozhanchuk,n. 11-0114
rozhdestvenskaja,a. d 12-0633
rozitis,g. 09-0564
rozycka,barbara 04-0405
rozycki,marian 03-0257
ruane,j. 12-0208
rubaj,marek 04-0431
ruban,georgij i. 05-0293
rubcov,n. b. 07-0608
rubcova,g. a. 08-0378
rubin,jean-francois 03-0353
rubin,robert l. 10-0078
rubino,r 10-0290 10-0291
rubio,r 08-0067
ruchalski,gerard 07-0483
rucinski,p. 09-0193 11-0192
ruck,m. 08-0145
ruckebusch,y 01-0010
ruda,maria 12-0372
rudd,john w m. 01-0493 01-0494 08-0394
rudelt,k. 04-0326
rudenko,a. p. 07-0539
rudenko,g. d 10-0331 11-0329
rudenko,g. p. 10-0465
rudolph,k. 08-0085 09-0617
rudstam,lars g. 07-0495
rudy,andrzej 02-0082
rudzik,l. 07-0039 11-0068
ruebensam,s. 12-0690
ruecker,gisela 03-0096
rueegg,m. 08-0488
ruegsegger,a. 03-0126
rueller,r 11-0390
ruemmler,f 05-0377
ruer,philippe m. 09-0494
ruf,d 04-0072
ruf,m. 08-0287 08-0402
ruhle,ch 02-0432 04-0483
ruig,w g. de 04-0071
ruisun,huang 07-0538
ruiz,r 04-0166 08-0067 11-0243 12-0006
rukhkjan,r g. 12-0511 12-0512
rukhljada,v v 01-0068
rule,d c. 04-0015
rummel,w 11-0509
runge,gisela 11-0524
runge,ulrich 02-0320
runnwerth,e 02-0180
runsheng,chen 08-0199
ruoff,karl 08-0405
ruprich,jiri 07-0066
rusakov,ju. i. 01-0435
rusby,audrey a. 10-0021
ruschev,khristo 11-0107
rusev,nikolajj 11-0111
rushen,j. 04-0271 12-0422
rusiecka,irena 11-0120
russel,a. j. f 04-0196 12-0170
russel,james b. 10-0002
russell,j. b. 10-0001 10-0005 11-0011
russell,j. e 07-0418
russell,j. m. 11-0157
russell,l e 04-0347
rust,j. w. 12-0187
ruszczyc,zygmunt 01-0335
rutberg,allen t. 07-0093
ruthenberg,h 03-0485
rutkowski,a. 04-0107
ruttkay,a. 12-0598
ruttner,friedrich 12-0756
ruvalds,i. w 02-0059
ruzicka,l. 09-0418
ruzickova,j. 09-0418
ryan,patrik m. 06-0310
ryan,robert o. 03-0541
rybakov,f. ju. 07-0539
rybalko,v 10-0298
rybanska,margita 11-0204 12-0251
rybka,p. 02-0104 07-0081 07-0158
rychagov,l. 10-0499
rychagov,l. n. 10-0493
ryder,m. l 07-0225 11-0277
ryder,oliver a. 04-0648
rydzik,wladyslaw 09-0100 12-0143
ryndina,d. f 08-0212
rys,rajmund 03-0090 03-0169 03-0177 05-0133
ryu,k. s. 02-0374
ryzhkov,l. p. 05-0270 12-0633
ryzhkova,g. f 01-0037
ryzhnikov,a. i. 07-0472
rzaev,t. m. 09-0491
rzedzicki,jerzy 05-0516
saad,a. 03-0425
saadoun,a. 01-0055 09-0315
saarenmaa,kari 02-0582
saavedra,raul a. 12-0068
saba,leon 08-0462 09-0547 09-0548
sabalza,m. c. 02-0644
sabata,v 04-0176
sabater,francesc 03-0398
sabau,al. 01-0652
sabdenov,k. s. 10-0255
sabirov,m. b. 07-0072
sabirov,r 12-0770
sabne,k. s. 04-0204
sacher,b. 03-0591
sack,e 09-0281 11-0315
sadana,d. k. 05-0090
sadek,s. 04-0580
sadek,suhad e 10-0421
sadler,k. 12-0677
sado,tetsuya 10-0409
sadovnikova,m. t. 04-0341
sadowska,maria 12-0802
sadykhova,e ja. 09-0453
sadykov,b. 10-0280
sadykova,kh. m. 01-0038
saeki,masanobu 09-0049
saenz,c. 08-0080 09-0541
saerkkae,jukka 10-0550
saeterby,bjoern 12-0449
safarov,ju. 02-0367
safarov,s. 02-0367
safonov,v s. 01-0022
sagalbekov,u. m. 07-0634
sager,g. 07-0380 09-0362
saglo,a. f 06-0197
sahrtmadzhiev,khristo 09-0202

saidgazieva,m 12-0331
saini,m. s. 01-0676
sains,a. g. 07-0236
sainsbury,k. j. 04-0497
saint-paul,ulrich 01-0591
saintaurin,marie-alice de 08-0016
sairam,m. r 12-0364
saito,hiroaki 08-0300
saito,kouichi 03-0024
saitoh,hisato 12-0432
saizew,a. 03-0327
saizew,alexander 08-0285
sajko,jerzy 11-0120
sakai,hidetsugu 11-0552
sakai,masahiro 05-0442 10-0560
sakamoto,hiroyuki 06-0296
sakanashi,tammy m. 10-0009
sakano,yoshiyuki 01-0051 04-0066
sakata,taizo 02-0551
sakhapov,l 07-0219
sakharov,a. 10-0497
sakharova,m. n 01-0506
sakharovskaja,l v 08-0377
sakhibgareev,k. 07-0194
sakowski,tomasz 10-0195
saksena,d n 07-0480
sakuraba,haruhiko 09-0024
salak,wieslaw 09-0129
saleem-ul-haq,m m. 10-0363
saleh,k. 07-0373
salewski,a. 07-0251 08-0226
salijj,i.i. 11-0189
salikhov,a a 07-0156
salim-hanna,marta 06-0048
salimbaev,d a. 09-0237
salman,assad e 04-0586
salman,n a. 09-0395
salmanov,a. v 06-0243
salmenkova,e a. 08-0371
salmon,r e 01-0414
salomon,f -v 03-0215 07-0380 09-0362 12-0406
salomons,w 05-0423
salte,ragnar 10-0583
salter,dallyn n 08-0038
salvade,giorgio 02-0448
salvador,j. i. 02-0244
saly,j. 01-0383
samal",i 11-0373
samal",i. n. 09-0005
samanc,h 10-0221
samarcev,m. i. 12-0250
sambraus,h h 01-0094 02-0113 02-0278 12-0741
samojjlova,l. f 11-0383
samoulidis,s. g 01-0282 04-0297
sampelayo,m. r 11-0296
samsell,l j. 02-0044
samuelsen,o. b 06-0362
samusina,v v 10-0531
samy,m. s. 07-0389
san roman,nemesio a. 12-0538
sanchez,j. 01-0417
sanchez,reus m. i. 02-0058
sanchez,rosa m 11-0057
sanda,akihiro 12-0089
sandev,sasho 02-0214 06-0017
sandhu,j. s. 09-0311 11-0366
sandi,o 04-0207 04-0208 07-0197
sandles,l d 10-0209
sandlund,odd terje 04-0474 07-0419 11-0466
sandrikov,n i 12-0126
sanford,lee m 08-0178
sanin,a. p 03-0469
sano,akira 11-0080
sano,tokuo 11-0628
sanotra,gurbakhsh singh 04-0419
sant"anna,r 02-0011
santas,loukas 05-0517
santiago,corazon b 11-0570
santidrian,s. 02-0012
santos,athie j. g. 01-0544
santuilli,a. 06-0345
sanz,j. b 02-0307
sanz,mireya 04-0396
saoulidis,k j. 01-0282 04-0297
sapera,i 11-0262
saprykin,l 07-0321 10-0392
saprykin,v g. 09-0445
sapunova,e g 02-0068
sarah e solomon 11-0694
sardi,j. 07-0185 07-0186
sarig,s. 11-0512
sarker,n k. 07-0587
sarodnik,w 03-0406 03-0407 05-0404
sarsakov,v 01-0160
sarsenov,a. s. 03-0208
sartin,j. l 12-0019
sartore,g 11-0270
sarycheva,i. k. 12-0648
sasada,hiroshi 04-0061
sasaki,m. 10-0614
sasaki,nobuo 12-0112
sasaki,yoshiyuki 06-0137
saschenbrecker,peter w 03-0063
sasimowski,e 11-0651
sasina,a. v 10-0236
sassmann,r 03-0427
sata,nobutoshi 09-0055
satake,ken"ichi 05-0353
satava,miloslav 09-0346
sather,a. p. 04-0372 07-0261
sato,hiroshi 03-0174 06-0006
sato,junichi 03-0409
sato,kenji 08-0296
sato,makiko 09-0027
sato,mamoru 03-0335 05-0280 08-0296 11-0435
sato,tetsuo 07-0038
satoh,hideo 11-0432
satoh,koh-ichi 11-0634
satoh,shuichi 04-0541 04-0542 04-0568 11-0518 11-0519 11-0522 11-0547 11-0548 11-0635
satoria,jan 07-0091
satter,l d 12-0122
sattes,r 02-0246
sauer,f d 04-0018
sauer,w c. 05-0012 05-0013
saulic,jan 01-0413
saumande,j. 06-0446 09-0602
saunders,r w 09-0128
saunders,richard l 11-0525
saunderson,c. linda 07-0045
sautin,ju. ju. 01-0550
sautner,g. 06-0212
sauvant,d 03-0238 11-0214 11-0295
savage,n c 01-0674
savage,stan 01-0406
savenkova,t. p. 09-0426
savon,lourdes 11-0391
savory,c j. 12-0446
sawicka,janina 12-0336
sawicki,jerzy 09-0188
saxena,h c 10-0373 11-0379
sayet,yu. e 01-0513 01-0523
sazima,i. 04-0489
scaife,j. r 11-0028 11-0052
scales,g. h 04-0236
scalzini,a. 11-0622
scapolo,p a. 03-0411
scapolo,p. a. 05-0256
scaramuzzi,r j. 04-0695
scardella,paola 10-0291
scarnecchia,david l 05-0120
scarnecchia,dennis l 03-0354
scavia,donald 08-0335 08-0336 10-0434
schaaf,e 07-0233
schaber,e 02-0428
schade,regina 07-0111
schadereit,r 01-0021 04-0029
schaefer,a. l 07-0269
schaefer,d m 04-0003
schaefer,dietrich 11-0500
schaefer,liselotte 02-0047
schaefer,m. 11-0012 11-0242
schaeffer,david j. 04-0524
schaeffer,l r 03-0125 09-0197 10-0194
schaeperclaus,w 07-0400
schaerpf,klaus 11-0493
schaetzel,ralf 12-0692
schafft,h. 08-0022
schagen,p. j. w van 04-0412
schalles,r r 10-0643
schams,d 11-0206 12-0322
schanbacher,b d 03-0216 11-0112 12-0063
schanz,f 05-0251
schaper,friedgard 07-0637
scharrer,e 01-0020
schauer,a. 01-0002
schechter,b e 08-0509 09-0621 09-0624
schechter,h 05-0314
scheerer,paul d 02-0490
schelling,g t. 12-0284
schelske,claire l 03-0385
schenkel,h 02-0037 03-0057
scherer,e 01-0460
scherf,harald 12-0085
schewe,h 02-0289 09-0261
schiavone jun ,albert 04-0477
schiele,erika 04-0647
schiemann,r 08-0033 08-0034 08-0035
schiemer,f 08-0428
schiersmann,g 11-0170
schilling,e 01-0666 02-0287 08-0088
schilling,norbert 05-0327 05-0328
schilling,norbert 08-0403
schimpfky,s. 02-0133
schindler,h. 01-0146 12-0179
schirvel,c. 01-0294 02-0303
schlaepfer,e 03-0155 03-0158
schlee,dieter 05-0027
schlegel,r 08-0143
schlegel,w 02-0282 04-0293 11-0690
schleger,w 03-0531 05-0499
schleicher,alina 01-0335 01-0385
schleitzer,g. 12-0420
schlenker,g. 03-0254
schlenzig,michael 11-0234
schlepers,h. 08-0163
schley,p 01-0653 02-0604 10-0604 11-0661
schlichting,m c. 02-0334
schlieper,b. 04-0699
schloeffel,h -j. 03-0295 06-0021 07-0340
schloeffel,joachim 11-0384
schlolaut,w 09-0430 09-0556 10-0284 12-0322 12-0346
schlotfeldt,h -j. 01-0604 06-0367 06-0385 08-0414
schlott,karin 01-0548
schluensen,d. 03-0113 10-0258
schluze,j. 03-0054
schmalfuss,r 12-0267
schmandke,h 06-0112
schmehl,m. k. 01-0231 04-0228 11-0545
schmid,josef 05-0365 05-0366 05-0367 05-0368 07-0525
schmid,w 01-0255 09-0109
schmidt,a. 02-0050 03-0058
schmidt,b 05-0035
schmidt,christine 09-0291
schmidt,g 02-0504
schmidt,g h 05-0556
schmidt,h 08-0073
schmidt,h -p. 01-0170 02-0202 12-0273
schmidt,isolde 04-0370
schmidt,j. 11-0229
schmidt,jack 06-0046
schmidt,justin o 03-0541 04-0665
schmidt,konrad 06-0416
schmidt,l 01-0123
schmidt,m. 01-0549 03-0413 08-0433 10-0457

schmidt,maureen e 03-0360 03-0361
schmidt,p 01-0566
schmidt,r 06-0460
schmidt,w 02-0100
schmidtje,ursula 11-0510
schmidtke,angela 11-0332
schmiedgen,doerte 05-0189
schmitten,f 07-0256 12-0384
schmitz,f 04-0142 12-0169
schmoldt,p 03-0076
schmutterer,h 02-0614
schnabel,e 02-0325
schnaider,l 08-0197
schneeberger,m. 01-0163 09-0195
schneider,ch 06-0112
schneider,k.-h 06-0233
schneider,m 08-0173
schneider,matthias 11-0006 11-0249 12-0124
schneider,petra 05-0519
schneider,stanley s. 03-0544
schnoes,heinrich 07-0052
schnoes,heinrich k. 07-0053
schnoor,jerald l 08-0330
schnorr,jerald l 04-0515
schnug,e 02-0096
schnute,jon 11-0514
schoen,h 03-0113
schoenberger,e 04-0058
schoenborn,wilfried 10-0451
schoene,f 02-0039 02-0315 02-0327 11-0155 12-0034
schoene,friedrich 11-0140 11-0328
schoene,fritz 03-0291
schoenebeck-sych, anneliese 02-0615 12-0779
schoenherr,w d 11-0347 12-0413
schoenhusen,u. 08-0004
schoenmuth,g. 12-0214 12-0266
schoenmuth,georg 12-0199
schoeps,sabine 04-0362
schoff,patrick k. 12-0134
scholtyssek,s. 01-0386 01-0691 01-0692 03-0600 07-0312 09-0340 10-0378
scholtz,diether 05-0076 11-0131
scholz,e 02-0042 02-0043
scholz,w 09-0281 11-0315
schondorf,m. 08-0435
schoonen,w g e j. 11-0573 11-0574 11-0600
schoppe,p. 02-0574
schoss,m 03-0437
schouten,wilhelmus gerardus petrus 03-0083
schowalter,manuela 05-0327
schrader,a. 04-0080
schrader,william t. 01-0053
schram,m. d 10-0456
schramm,g.-p 06-0092 06-0095
schreck,c b 12-0472
schreck,carl b. 05-0266 11-0553
schreckenbach,k. 08-0434
schreiber,gerhard 09-0007
schreiber,k. 12-0217
schreiner,clara l 10-0016
schremmer,h 02-0333 04-0324 12-0421
schroder,steven l 07-0433
schroeder,a. 07-0195
schroeder,erwin 02-0196
schroeder,gerald l 11-0484
schroeder,h 08-0436
schroeder,roland 11-0501
schroeppel,iris 09-0071
schroer,k. 08-0052
schrooten,c. 10-0269
schubert,r 09-0566
schubert,r (bearb.) 08-0471
schubert,rainer 09-0067
schubring,r 07-0603
schueler,d 03-0066 09-0216
schueler,dieter 05-0104
schueler,l 09-0091
schueler,lutz 01-0665 11-0310
schuessler,r 03-0244
schuette,r 10-0152
schuh,gerhard 11-0269
schuhmacher,helmut 11-0504
schuldt,anke 05-0129
schulte-coerne,h. 01-0164 09-0173
schultz,donald a. 08-0347
schultz,f t. 02-0484
schultz,juergen 02-0297
schultz,m. 06-0112
schulz,a. 02-0620
schulz,e 07-0019
schulz,edgar 06-0024
schulz,j. 03-0150 09-0617
schulz,petra 08-0316
schulz,u. 09-0425
schulze,bernhard 01-0315
schulze,e 09-0225
schulze,frank 11-0020
schulze,j. 03-0004 12-0404
schulze,w 09-0224
schulze,w -d 02-0328
schulze-schleppinghoff, wolfgang 12-0745
schumacher,joerg 06-0407
schumann,h 02-0539
schumann,helmut 10-0198
schumm,h 01-0322
schuricke,d 08-0074
schurig,volker 02-0122
schurno,m. 01-0570 02-0478
schuszter,t. 04-0263
schutte,j. b 04-0117
schwab,d j. 01-0499
schwab,w 11-0168
schwabe,c. 12-0171
schwalbe,marina 02-0304
schwandt,h 03-0008
schwanz-pfitzner,i 06-0374
schwark,h j. 02-0185 02-0590 05-0498 08-0470 09-0302 12-0201 12-0260 12-0264 12-0267 12-0312 12-0750
schwarz,a. 06-0437
schwarz,e 06-0388
schwarz,f j. 01-0547 02-0209 02-0472 03-0419 05-0105 05-0118 05-0119 06-0150 11-0220 11-0246 11-0524 12-0306
schwarz,gerhard 11-0368
schwarz,h -p. 04-0374
schwarz,viola 03-0152
schwarze,d 02-0282
schwarze,j. 01-0421
schwarzer,ch 01-0609
schweinsteiger,p 04-0186
schweitzer,r 08-0252
schwerin,m. 02-0161 07-0084 08-0516
schwering,c. m. c. 11-0348 12-0173
schwiderski,hans 02-0637
schwoerer,d. 01-0344 07-0258 12-0388
sciesinski,kazimierz 08-0460
scislowski,piotr w d. 08-0026
scott,d b. c 12-0728
scott,i. c. 11-0680
scott,j. b 03-0474
scott,m. l 12-0444
scott,peter m. 10-0102
scott. carolyn d 01-0056
scragg,r h 04-0399
scriba,i. 10-0355
scripcaru,gh 02-0386
scruton,david a. 04-0517
seamark,r f 10-0658
searle,t. w 08-0109
sebo,alexander 04-0274
sebok,p 06-0063
sechman,a. 09-0328
sechnick,carolyn w 08-0313
sedcole,j. r 08-0028
sedlaczek,juergen 05-0464
sedlak,frantisek 10-0256
sedova,m. a. 03-0443
see-yong,wong 10-0568
seeb,j. e 03-0379 07-0432
seeb,l w 03-0379 07-0432
seegers,h 02-0114
seeland,gerhard 02-0066 09-0168 12-0199
seemann,f 03-0485
seemann,g 01-0366 05-0220
seffner,w 03-0034
seglin"sh,a. 04-0684
segner,h 04-0575 10-0544 12-0719
seibert,ilse 06-0095
seibold,r 10-0153 12-0098
seidel,e 08-0075
seidel jun.,g. e 04-0690
seidler,stefan 05-0132
seidlitz,u. 03-0420 12-0658
seifert,g. w 02-0149 09-0160
seigneurin,f 10-0353
seilmeier,werner 03-0042
sein,o. b. 11-0304 11-0306
seiwald,margit 10-0420
sekine,j. 09-0223
selin,s. 09-0123
selivanova,l n. 11-0154
seljanskij,v 05-0208
sellier,p. 10-0305 12-0385 12-0395 12-0396
semashka,v 01-0389
semashko,v 01-0261
semen"ko,l. 08-0098
semenchenko,n a. 10-0171
semenchenko,n n 12-0501
semenchenko,s. m. 04-0557
semenikhin,ju. 10-0475
semenjak,z. 12-0777
semenjutihn,v p. 11-0222
semenjutina,s. a. 02-0205
semenov,a. 01-0387
semenov,s. i 02-0249 03-0211
semenov,v p. 09-0473
semenova,a. a. 11-0108
semenova,g v 09-0163
semenova,s. k. 05-0192
semina,n s. 02-0010 09-0002
semkov,mikho 11-0171
semmers,j. d. 04-0409
senchenko,b. s 03-0025
sender,grazyna 09-0179 09-0181
sendrakowski,andrzej 02-0257
sengupta,supriya 12-0548
sennesael,j. 12-0181
sensenig,scott c. 02-0270
seppaelae,timo 10-0432
serban,d 04-0167
serdjuk,s. n. 06-0185
sereda,v 01-0262
seregi,j. 07-0246
sergeev,boris 02-0497
sergeev,i. n 08-0040
sergeev,v 02-0352
sergeeva,a. 02-0347
sergeeva,a. m. 10-0399
sergeeva,l s. 12-0632
sergeeva,n t. 05-0389 12-0624 12-0665
sergienko,l l. 09-0496
sergieva,zinaida 02-0451
serjakov,i. s. 07-0288
serokurov,v m 11-0185
serov,d v 12-0643
sertich,p l 01-0686 02-0630 07-0657
sestakova,ivana 11-0085
sesti,luiz almiro carvalho 04-0354
setty,s. l 10-0631
seufert,h. 07-0216
sevast"janov,v i. 03-0387
sevcik,bohumil 04-0040
seve,b. 03-0264

seveljev,u. s. 10-0248
sevellec,c. 05-0550
09-0611 10-0668
severina,a. i. 06-0201
sevkovic,n 04-0357
seythal,harald 05-0077
sgarbier i,valdemiro
carlos 02-0008
shabaldas,n. d
03-0312 05-0494
shabarshov,i. 05-0512
shadrin,a. m. 12-0517
shagaeva,v g.
06-0250
shagun,l a. 06-0423
shah,farrukh h
02-0101
shah,kum kum
11-0429
shahin,y 05-0141
10-0094 12-0086
shajjkenov,t. e
03-0208
shajjkhaev,g. o
02-0016
shajjkhov,r t. 11-0645
shakhbazov,v g.
09-0317
shakhnova,l. 05-0194
shakhova,t. v
02-0036
shakhtamirov,s. a.
03-0563
shakuntala,katre
04-0571
shalaby,t. h 07-0224
shalgimbaev,a. b.
03-0120
shallali,a. a. 10-0287
shamberev,ju. n.
03-0078 07-0061
07-0187 10-0201
shanawany,m. m.
06-0204
shand,p. j. 01-0306
shane,simon m.
02-0365
shaner,a. d 04-0030
shang,yung c.
01-0420
shanks,r d 10-0063
shannon,m frances
09-0020
shannon,p. 12-0076
shaobi,t. s 08-0012
shaposhnikov,v
10-0489
sharaby,m. a. 07-0176
sharapa,g s. 02-0152
sharif,mokhamed naim
12-0021
shariff,m. 07-0588
07-0600
sharikov,a. p 03-0564
sharipov,s. sh
12-0705
sharlanov,dimitahr
11-0356
sharma,a. 08-0430
sharma,a. k. 08-0036
11-0508
sharma,b k. 03-0417
sharma,h r 06-0004
07-0198
sharma,h s. 01-0044
sharma,p. c. 03-0394
12-0543
sharov,a. f 02-0425
sharp,e a. 12-0103
sharp,p. j. 04-0384
sharpe,p m. 12-0061
sharupich,elena
02-0497
shashina,g. 05-0194
shatunovskijj,m. i.
08-0288 09-0389
09-0401
shavjakova,g. 08-0249
shavkun,v e 07-0277
shaw,denis 04-0045
06-0054
shawsmaa,r 01-0135
shbitidze,ja. 01-0297
shebli,eh m. 07-0558
sheglov,v v 11-0132
shehata,nazira a.
11-0134
shejjko,j. p. 04-0309
shejjnkin,m. e
02-0560
shelbourn,j. e
03-0446 11-0541
shelepova,l. p.
07-0182 10-0140
shelkov,a 09-0204
shelton,j. n. 03-0596
shelton,william l
02-0515 03-0452
03-0453
shemchuk,v r
07-0472
shendrik,m. s.
09-0407
shenjjder,r 08-0228
shephard,a. m.
04-0703
shepherd,martin j.
11-0077
sheremeta,n. g.
12-0644
sherenkova,i. p.
10-0531
sheridan,a. k. 02-0350
02-0351
sheriev,ilija 01-0222
sherman,adria r
10-0047
sherstjuk,v v
04-0459
shesterin,i. s. 07-0466
shetty,p. s. 01-0026
shevchenko,a.
03-0318
shevchenko,g. s.
05-0004
shevelev,n s. 02-0032
02-0035
sheveleva,n n
09-0492
shevjakova,i. n
09-0085
shevjakova,l v
01-0438
shheglov,i. 08-0188
shherbak,v i. 07-0477
shherbakova,n
03-0316
shherbin,n ja.
08-0377
shherbina,m. 10-0483
shherbina,m. 10-0506
shherbina,m. a.
12-0665
shherbina,p. f
02-0349
shhurov,i. l. 06-0325
09-0423
shibata,k. 03-0580
shibata,takeshi
04-0458
shigin,a. a. 12-0704
shijanov,i. e 09-0229
shijiao,huang 07-0502
shijimaya,kichiro
02-0200
shikhov,i. ja. 04-0144
shillito walser,
elizabeth 04-0269
shilo,m. 01-0554
01-0593
shimada,a. s. 10-0270
shimbayashi,koichi
11-0297
shimeno,sadao
06-0333
shimizu,akio 11-0451
shimizu,chiaki 04-0456
04-0457 04-0581
shimizu,ikutaro
09-0490
shimizu,makoto
07-0041
shimko,v v 07-0589
shimma,hisako
07-0507 08-0305
shimma,yaichiro
08-0305
shimohira,i. 03-0592
shimshony,a. 03-0193
shinchi,shuji 11-0005
shinjo,akihisa 12-0213
shinkarenko,i. s.
09-0233
shinkarenko,l. 03-0321
shinomura,yasuhisa
01-0057
shinriki,yoshihito
06-0292 06-0297
shipilov,v s. 03-0201
09-0085
shipman,barbara a.
03-0541
shirjaev,a. v 09-0448
12-0601 12-0605
shirley,s. m. 07-0429
shirvell,c s. 06-0276
shishov,b. 08-0244
shisler,j. k. 08-0399
shivakumar,k. 07-0413
shivokene,ja. s.
09-0460
shkolnik,a. 10-0289
shkreta,lulzim 05-0124
shkultety,m. 02-0098
shkultetyova,n
02-0098
shkunkova,ju. 11-0323
shleser,robert 01-0555
shlikas,a. v 02-0556
shmakov,n f 09-0485
shmanenkov,n. a.
07-0272
shnejderman,g.
12-0159
shoji,takuro 02-0097
shokorov,v a.
01-0028
shol",v 05-0227
shook,g. e 12-0133
shornikov,a.khlopina
11-0370
shorokhov,a. 01-0270
04-0286
short,jeffrey w
10-0584
shortreed,ken s.
01-0491
shostak,v a. 04-0147
shotton,s. a. 08-0046
shpakov,a. 08-0243
shramko,l. e 05-0056
shrestha,j. n. b.
03-0203 05-0142
05-0159 11-0275
11-0688
shtan"ko,i. 08-0103
shtylla,nevruz 04-0224
shubina,l a. 02-0271
shubitidze,ja. 10-0310
shukla,j. p. 06-0358
10-0580
shukla,k. n 06-0358
shukla,s. p. 08-0304
shul"c,l. 05-0235
shul"ga,s. b. 10-0651
shul"ga,v i. 07-0190
shul"man,g. e
03-0336 08-0291
shumilina,a. k.
05-0401
shumkova,t. p.
12-0611
shumway,c. richard
12-0174
shur,s. a. 10-0098
shurygina,n 06-0165
shustov,ju. a. 09-0423
shutt,d a. 02-0118
shuttleworth,t. j.
05-0262
shvarckopf,a. ja.
10-0187
shvydchenko,s. s.
08-0298
shyamasundari,k.
11-0619
siaoping,lin 02-0509
siaw,a. e 01-0405
sibbald,i. r 11-0032
sibelle,ch. 06-0459
sideleva,v g. 06-0257
sidor,e 10-0339
sidorenko,g. 07-0219
sidorjuk,v 09-0303
sidorov,n. a. 07-0541
sidorov,v s. 05-0375
sidorov,v t. 11-0110
sidorova,k. 08-0189
sidorova,m. v
05-0257
sidorova,o. a. 01-0479
sieber,m. 08-0135
sieber,w 07-0153
siebers,leszek 06-0140
06-0141
siebers,ryszard
06-0140 06-0141
06-0142
siebert,b. 02-0100
07-0068
siebert,b. d. 05-0020
siebert,w 03-0150
sieg,s. 05-0434
siegel,p. b. 07-0308
siegert,e 02-0053
siegl,o. 09-0262
siegl,otto 10-0327
siegmund,r 04-0564
04-0565
siekiera,jozefa 02-03?
siemien,m. jon
07-0415
sigg,laura 03-0384
siginevich,g. p.
12-0606
sih,andrew 03-0371
siham kamil nagi
06-0418
sihnihcin,a. p.
07-0056
siitonen,liisa 03-0430
sikra,o. 06-0317
silaev,m. p. 01-0206
siler,r 05-0177
silin,eh. 04-0388
silin,eh. k. 10-0356
silin,ju. v 04-0659
silonova,g. v 07-00?
silsby,j. 11-0408
silsby,j. l. 01-0098
silva,ayona t. 04-00?
silva,eduardo 06-00?
silva,o. 03-0567
silva,sandro 01-0064
silver,marian 12-079?
silvia,w j. 12-0175
simanov,l. 06-0307
simao neto,m.
08-0110 08-0111
simard,r e. 10-0091
simecek,karel 10-03?
simek,m. 04-0216
simenov,v m.
09-0465
simin,a. i. 09-0085
simkiss,k. 03-0288
simm,g. 08-0093
08-0180
simm,khelle 08-0396
simoa neto,m.
08-0112
simon,d. 08-0140
09-0064
simon,j. 09-0315
11-0364
simon,meinhard
10-0435
simon,o. 03-0016
04-0027
simon,raymond c.
05-0400
simonavichene,b.
11-0443 11-0456
simonneaux,v
05-0260
simonov,v m.
12-0674
simonova,o. g.
03-0189
simons,j. paul 06-04?
simons,p. c. m.
04-0412
simovic,slavica
03-0348
simpson,s. p. 01-02?

simpson,s. p. 01-0296 04-0311 06-0178 06-0179 07-0260 12-0358 12-0361
sims,michelle m. 12-0791
sindermann,carl j. 03-0502
singh,bhupal 05-0103
singh,d 02-0568
singh,elizabeth l. 05-0554 08-0511
singh,elizabeth 08-0512
singh,s. 03-0511
singh,t. p. 01-0436 03-0511
singh,t.p 08-0301
singhal,r n. 09-0521 11-0630
sinha,v r p. 02-0525 09-0432
sinkovics,g. 01-0629
sinnett-smith,p. a. 06-0174
sinnhuber,r o. 02-0496
sinquin,jean-paul 11-0353
sinriki,yoshihito 06-0383
sinurat,a. p. 01-0384
sire,m. f 11-0549
sirenko,l a. 07-0462
sirocoon,s. 01-0670
sirotina,i. 08-0189
sirotkin,v p. 06-0387
sirvidis,b. 01-0389
siske,vladimir 01-0332
sittig,g. 08-0073
sitzmann,w. 06-0471
siuda,hanna 10-0237
sivceva,l v 07-0506
sivercov,a. p. 09-0467
sivor,a. l. 05-0063
siwicki,a. 06-0371 09-0518
siwicki,andrzej 05-0458
sjaryjj,b. g. 07-0503
sjoestroem,per 11-0436
sjoestroem,rolf 07-0026
skachkov,d. p. 10-0572
skachkova,m. 08-0266
skarga,ju. ju. 11-0031
skarka,petr 10-0050 11-0085
skarlato,o. a. 12-0463
skarzynski,lukasz 04-0427 04-0429
skender,ljiljana 02-0210
skenderi,ibrahim 05-0496
skerman,t. m. 09-0236
skholl"-ehngberts,a. d 06-0263
skibinska,jadwiga 02-0260
skicko,v 11-0403
sklan,david 02-0062
skljarova,n i. 04-0637
skljarova,n. i. 04-0638 04-0643
skljarova,t. 05-0241
skoblik,i a. 04-0133
skogheim,o. k. 04-0595 05-0418
skogheim,odd k. 02-0503
skolysheva,l. k. 10-0098
skopec,m. b. 12-0581
skorik,l v 10-0087
skorobogatov,m. a. 02-0546
skorobogatova,t. 03-0318 04-0438
skorodins"kijj,z p. 09-0023
skrede,anders 02-0581
skrede,andreas 05-0485
skrepec,v i. 10-0286
skripnichenko,g. g. 10-0177
skrjabina,k. i. 04-0084
skrobuk,jolanta 04-0373
skrzyszowska,m. 10-0653
skrzyszowska,maria 08-0506
skulmowski,jan pawel 10-0237
skultety,miroslav 05-0079 09-0107
skultetyova,nadezda 05-0079 09-0107 10-0120
skupin,j. 11-0142
skurdal,j. 05-0418
skurdal,jostein 07-0441
skurlatov,ju. i. 12-0585
skvaruk,a. g. 07-0277
skvorcova,f k. 12-0712
slaba,josef 12-0352
slabickijj,ja. i. 06-0196
slabikhijj,ja. i. 07-0279
slanev,stojjcho 01-0313 11-0312
slaweta,r 09-0081
slaweta,roman 01-0090 02-0105
slawomirski,jan 04-0137
sleator,noreen m. 04-0059
slee,j. 06-0178 06-0179 10-0266
sleigh,robert w 03-0053
slepnev,v a. 12-0600
sleppnev,v a. 12-0601
slesarev,i. k. 03-0171
slesareva,l. i. 01-0248
slijkhuis,a. 04-0032 10-0343
slinger,s. j. 06-0320 06-0321
slinger,stanley j. 12-0623
sliwa,zdzislaw 05-0144 05-0152
sljivovacki,k. 08-0119
sljusar".v d 05-0058
sloan,b. k 08-0165 12-0294
sloane,r d 12-0535
sloley,b. d 03-0337
slominska,bogdan a. 04-0122
slominska,elzbieta 04-0122
slominska,lucyna 10-0095
slominski,bogdan a. 04-0123
slota,ewa 02-0145 03-0331 04-0229
smal,halina 02-0438
smekalov,n a. 11-0228
smetanin,m. m. 06-0288
smetanina,i. ju. 09-0470
smidt,d 01-0666 02-0292 10-0671 11-0674 12-0418
smidt,dietrich 07-0248
smiley,k. 04-0472 08-0430
smirnov,a. m. 07-0631
smirnov,eh. l. 01-0156
smirnov,n n 01-0512 01-0514 01-0515
smirnov,o. k. 02-0164
smirnov,v 09-0082
smirnov,v v 02-0420
smirnova,m. f 04-0081
smirnow,a. m. 12-0780
smirnow,d 01-0160
smith,a. j. 02-0583 10-0045
smith,alan w 04-0677
smith,andrew c. 07-0115
smith,c. 01-0091 12-0208
smith,catherine a. 04-0695
smith,charles 12-0799
smith,craig s. 01-0478
smith,d. h 10-0658
smith,e. g. 12-0195
smith,h. k. 02-0195
smith,j. h. 02-0370
smith,k. larry 10-0053
smith,katherine b 01-0645 01-0646
smith,libby 03-0475
smith,p. r 01-0305
smith,r h 08-0156
smith,st. 12-0371
smith,w c. 06-0042 07-0106 10-0295 12-0025
smith,w h. macfarlane 01-0124
smith,william c. 01-0018
smith jun.,j. cecil 11-0026
smith c. 08-0093
smith j. w 08-0081
smithard,r r 12-0344
smithard,ronald r 07-0120
smitherman,r oneal 02-0507
smoker,william w 02-0501
smolejj,a i 12-0525
smorag,z 08-0506 10-0653
smovdyr",i 01-0221
snapir,n 11-0396
snejdarkova,m 03-0048
snezhina,k. a. 07-0485
sniffen,c j. 10-0005 11-0011 12-0269
snitinskijj,v v 01-0333
snitkin,m. 07-0071
snodgrass,w j. 07-0552
sobczynska,magdalena 10-0195
sobecka,ewa 08-0412 10-0566 12-0586
sobering,d c. 11-0431
sobina,irena 09-0367
sobolev,l b. 07-0504
sobolev,v 08-0250
socha,stanislaw 08-0452
sochacka,zofia 08-0448
soelkner,j. 02-0173 04-0149 07-0263
soeparno 10-0271 10-0272
soerensen,b. 07-0022
soivio,a. 03-0426
sokol,jozef 04-0053
sokolov,a. v 07-0072
sokolov,l. i. 02-0415 07-0405 08-0288
sokolov,n 08-0205
sokolov,v 01-0394 06-0224 10-0546
sokolova,l 01-0394 06-0224
sokolova,n yu. 01-0522
sokolovskaja,i. i. 07-0191
sokolovskijj,a.v 02-0029
solange l. bertrand 12-0014
solano,r 09-0593
solar,igor i. 11-0594
solazzi,mario f 05-0399
soldatow,a. 01-0169 11-0188 12-0189
soliman,a. k. 04-0546 06-0339
sollmann,cosima 07-0457
solncev,k. m. 04-0132
solov"ev,a. m. 02-0265 10-0154 12-0120 12-0345
solov"ev,i. i. 11-0227
solov"eva,l f 04-0676
solov"eva,l m 09-0468
solovov,v p 10-0469
solti,l 07-0140 08-0129
somade,b 01-0279
somers,c j. 12-0398
somkuti,stephen g 06-0064
sommer,a 03-0091 03-0092 11-0097
sommer,alexander 12-0129
sommer,th 01-0224 04-0221
sommer,ulrich 07-0463
sommer,w 08-0240
sommer,wolfgang 11-0344
sommerfeld,w 05-0237
sommerville,christina 07-0588
son,k. n 06-0116
sonnenberg,arnoud 07-0047
sonntag,s. 03-0151 04-0709
sonstegard,ronald a 07-0566
soo,won lee 07-0041
soos,m. 12-0253
sopinska,antonina 10-0574 12-0686
sordyl,h 04-0621
soric,v m 01-0454 01-0455
sorokin,v m. 12-0308
sorokovijj,p f 04-0139
sorokovojj,p f 07-0139 08-0127 09-0134
soroste,a. 03-0517
sosnik,udi 12-0786
sosno,v m. 10-0517
sosnowski,edward 01-0083
sosonnyjj p 01-0262
sotnikov,a. n 03-0558
sotorzhuk,n g 03-0443
sottnik,jaroslav 11-0258
souffrant,w 03-0021
souffrant,w -b 04-0023 07-0100 12-0029
soukupova,a. 05-0111
sourkes,theodore l 09-0038
southee,j. a. 11-0687
southwick,e e 05-0508 10-0615
southwood,o. i. 01-0274 12-0358 12-0361
sova,zdenek 10-0105
sovljanski,b. 09-0234
sovljanski,radmila 02-0616
sowa,tadeusz 04-0079

sower,stacia a.
03-0344 03-0347
spackman,d. 10-0367
spahr,s. l. 01-0677
spalek,peter 01-0403
spaliviero,jennifer a.
01-0056
spannhof,l 04-0540
09-0483
sparks,a. 07-0586
spasow,ch. 08-0084
spataru,p. 02-0430
11-0468
spatt,p. 05-0329
spears,j. w 02-0044
02-0057
spektorova,l v
05-0411 05-0412
05-0413
spencer,g. s. g.
03-0075 12-0064
speshilova,m. a.
06-0030
spickaja,n i. 12-0668
spierenburg,th j.
06-0361
spiller,gary b
03-0472
spincemaille,j.
11-0691
spire,m. f 10-0643
spiridonov,i. 11-0372
spirina,s. i. 05-0025
12-0053
spormann,hermann
10-0414
spragg,j. c 01-0004
01-0205
sprules,w gary
03-0373 07-0470
spuergin,armin
10-0624
squara,g. 02-0291
squires,e l. 03-0529
05-0549 06-0468
sredkova,veselina p.
12-0436
sreemannarayana,o.
05-0072
sreenan,j. m. 02-0639
sripongpun,s. 02-0638
srivastav,ajai kumar
12-0481
srivastav,shyam
prakash 11-0417
11-0418 12-0481
srivastva,d k.
02-0567
sriwastawa,v m. s.
02-0567
srovastav,ajai k.
11-0417
st-louis,n 12-0681
st-pierre,mario
01-0441 09-0403
stabel,h.-h 01-0485
12-0545
stabenow,b 12-0424
stabentheiner,anton
12-0473
stabler,sally p.
02-0072
stables,j. n. 01-0615
stack,m. 05-0053
stadelman,w j.
10-0681
staeck,wolfgang
07-0397
stafford,j. e. 04-0250
stagg,r m. 05-0262
stahl,h. 03-0436
stahlberg,s. 01-0459
12-0479
stahly,t. 10-0037
stahly,t. s. 11-0320
11-0325 11-0333
11-0334 11-0336
11-0341 11-0342
11-0347 11-0350
11-0351 11-0352
12-0403 12-0413
stakan,g a. 10-0260
stakelum,g. 01-0194
06-0157
stamatin,t. 04-0167
stamatovic,s. m.
10-0221
stan,gh 06-0036
06-0177
stanchev,khristo
09-0333
stancikova,a. 02-0440
stanciu,g. 02-0124
standal,n 10-0316
stanek,zdenek 05-0428
stanikow,j. 08-0352
stankjavichjus,g p.
11-0228
stankjavichjus,v v
12-0469
stankov,evan k.
03-0223
stankov,vladimir
11-0670
stanley,pamela
08-0053
stanny,leon 07-0509
07-0510
stanton,peter g.
04-0069
staples,c r 12-0230
starast,khenno
08-0398
starikov,e a. 09-0376
starikov,p s. 10-0533
starina,r 08-0263
08-0276
stark,j. r 10-0416
starnes. s. r 02-0057
stary,j. 01-0481
06-0304
stasishen n s
03-0422
stasse,a. 11-0201
staszczak,stanislaw
03-0134 09-0190
statova,m. p. 02-0409
09-0495
staub,erich 11-0610
stauffacher,m.
01-0110
stauffer,robert e
10-0429
stauffer jun.,jay r
07-0415 07-0434
staun,henning 12-0752
stavne,s. e 11-0105
steane,d.e 11-0098
stecenko,i. i. 03-0056
stecenko,l i. 07-0462
08-0363
steele,r l 01-0202
steen,raymond
10-0227
steevens,b j. 10-0257
stefanov,kamen
03-0052
stefanova,stojanka
01-0312 06-0190
steffens,m. 03-0565
steffens,w 04-0539
04-0544 05-0381
08-0350 10-0496
10-0527 12-0566
12-0597
steffens,werner
02-0402
steffensen,j. f
09-0400
stefi,gori 05-0223
stegemann,eileen
03-0475
stehr,carla 05-0462
05-0463
stein,catarina 06-0092
stein,roy a. 08-0313
stein-stefani,j.
04-0699 10-0666
steinberg,christian
05-0346
steinberg,l 08-0388
steinberg,r 04-0625
steineck,staffan
02-0577
steiner,thomas
09-0251
steingass,h 01-0078
steinhart,h 11-0054
11-0524
steinhauser,h 11-0247
steinkopff,chr
03-0066
steinruck,ulrich
10-0040
steinwender,r
01-0002 02-0173
04-0217 11-0191
steklenev e p.
01-0136
stene,a. 12-0507
stenson,jan a. 04-0491
stenzel,ryszard
09-0171 09-0185
10-0212
stepan,ciresica
10-0301
stepan,j. 07-0532
stepankina,m. k.
05-0134
stepanko,m. 08-0202
stepanov,v 08-0202
stepanov,v d
09-0474
stepanova,g. m.
02-0521
stepanova,g n
11-0117
stepanova,l n
01-0041
stephen,s. c 09-0044
sterba,guenther
08-0292
stern,alice 04-0380
sterrenburg,p
01-0317
sterten,hallgeir
02-0576 11-0129
stevens,lewis 01-0359
stevenson,m. h.
08-0269 08-0271
stevenson,r m. w
07-0584
stever,hermann
08-0497
steward,c. r 03-0474
steyn,g j. 11-0575
stiebert,m. 06-0364
stiefvater,guenter
02-0465
stier,c.-h 05-0153
10-0275 12-0333
12-0334
stilborn,h 10-0375
stiljynas,a. 08-0206
stober,q. j. 03-0474
stock,m. j. 12-0066
stocker,kurt 02-0448
stockner,john g.
01-0491
stoddard,john l
10-0440
stodolska,iwona
02-0257
stodolski,mariusz
02-0257
stojanchev,todor
06-0230
stojanov,angel
02-0243
stojanovskijj,i. i.
09-0459
stojanovskijj,s. v
04-0210 07-0202
stojjchev,zdravko
01-0172
stojjjar,a. t. 02-0379
stojjkov,aleksi 01-0312
stojkovic-atanackovic,
milica 01-0601
stoljarchuk,a. z
04-0210 07-0202
stoljarenko,v 08-0248
stoljarova,a. g
03-0117
stoljuk,v d 11-0317
stoll,jean 01-0141
stolljar,a. 04-0415
stolljar,t. 02-0383
05-0227
stolljar,t. a. 04-0386
12-0104
stolzenburg,ursula
07-0145 12-0261
12-0266
stolzman,maria
12-0193
stone,b a 01-0688
09-0272
storch,volker 07-0078
10-0544
storebakken,trond
04-0543 05-0392
storey,d m 01-0168
storey,k. b 12-0488
storey,m l 11-0027
storozhenko,v v
05-0161 10-0283
story,v a. 07-0455
stoss,j. 11-0546
stott,a. w 10-0266
strachan,g. 11-0230
straganov,andrej a.
11-0551
strandberg,erling
01-0175
strandberg,erling
04-0183
stranzinger,g 10-0649
12-0169
straskraba,m 02-0452
02-0538 03-0381
11-0505
straskraba,milan
05-0339
straskrabova,v
02-0441
strauss,achim 11-0147
strauss,rene 01-0483
strawn,kirk 06-0285
strebler,halina
01-0104
strecker,r 01-0571
strekozov,n i
09-0152
strel"cov,v e
12-0608
strelkov,o n 05-0465
strickland,r w
05-0047
strikalo,ju p 11-0184
stringfellow,d a.
01-0683 09-0604
strittmatter,k. 07-0233
strobel,h j. 10-0001
strobel,herbert j.
10-0002
strobl,theodor 03-0483
stroffek,s. 12-0524
strohschein,r 09-0353
09-0355 09-0360
strojek,r m. 08-0508
strong,c f 10-0365
strudsholm,f 06-0154
struk,m i 04-0201
strunk,p 03-0512
stryjecki,jerzy 08-0448
strzalkowski,wladyslaw
10-0216
strzetelski,juliusz
03-0090 03-0169
03-0177 05-0133
strzezek,j. 04-0300
04-0301
strzezek,jerzy 07-0534
stuart,j. r 04-0113
stuart,rober l 10-0054
stubbe,m 06-0400
stubbings,r b
01-0680 10-0650
stubblefield,robert d
12-0108
studnicka,m 05-0459
06-0371
stuebs,monika 06-0093
stuerenberg,f -j.
02-0407
stuhec,i 02-0334
stuhlbacher,arnold
09-0514
stuke,t. 06-0059
stulik,karel 12-0070
stumm,werner
04-0515

stupak,m k 06-0192
stupnikov,a 07-0330
stur,irene 03-0531
05-0499
sturm,m 03-0384
12-0544
sturm, m 05-0324
stutz,s r 01-0593
stybnarova,n 02-0452
styczynski,henryk
01-0237 10-0208
suba rao,gowdahalli
n 11-0059
subbotin,i. v 05-0515
subbotkin,m. f
09-0409
suberville,c 10-0027
subramanian,k. s.
07-0064
suckling,d e 02-0195
sudakov,s k. 11-0113
sudanov,a. 10-0494
sudhoff,h 02-0182
sudzhijjska,sahbka
08-0274
suedekum,k.-h
07-0195 08-0003
suendermann,margret
11-0017
suess,m. 04-0164
suess,u. 10-0649
suess,ursula 02-0624
suetoe,z. 04-0437
sugimoto,nobuyuki
01-0320
sugita,haruo 04-0612
09-0455 10-0553
sugiyama,kimio
12-0026
sugiyama,michio
12-0428
sugiyama,takeyoshi
04-0061
suherman,d 07-0054
suita,a. 04-0109
suiyama,teruyuki
09-0507
sukhar"kov,s. i.
09-0238 09-0240
10-0265
sukhenko,v 10-0488
sukhikh,v f 02-0067
06-0019
sukhova,n o 07-0139
sukhtaev,s 07-0361
sulo,xhelo 01-0281
sulukha,s. v 04-0487
sumbung,f p.
12-0784
summerfelt,robert c.
03-0378
summermatter,p
05-0169
summers,j. d 04-0026
04-0393 04-0400
07-0338 07-0339
summers. p. m.
04-0703
sumpf,d 05-0002
sunada,kayano
08-0058
suncov,s. s. 01-0145
sunde,m. l 01-0379
04-0413
sundermeier,h -h
11-0399 12-0137
12-0417
sundrum,a. 08-0158
sundstoel,f 01-0085
sung,y y 03-0240
sunouchi,h 03-0579
suprunov,o 02-0371
surajj,p 02-0074
06-0213 11-0371
surdzhijjska,sahbka
12-0047 12-0155
suri,a. 04-0333
suschkowa,nina
09-0322
susenbeth,andreas
03-0089
sushko,l a. 12-0097
sushkova,n k.
01-0363
sutherland-guy,carole
05-0334
suthers,iain m
01-0463
sutikno,a. irawan
07-0054
sutoh,madoka 11-0009
sutterlin,arnold m.
10-0528
suttle,mary anna
06-0394
suttle,n f 09-0249
sutton,j. d 12-0244
12-0245
suty,b 09-0284
suvorova,s. a.
06-0427
suzuki,hiroshi 12-0026
suzuki,hiroyuki
10-0569
suzuki,hisanori
07-0036
suzuki,masanori
08-0009
suzuki,masao 11-0080
suzuki,mitsuyoshi
07-0160
suzuki,shigeru
09-0027 09-0055
suzuki,t. 03-0592
suzuki,yuzuru 12-0660
svechin,ju. 08-0249
svendsen,m. 12-0295
svezhencov,a. 06-0218
svezhencov,a. i.
02-0207 07-0289
sviridenko,t. v
06-0387
svjatovec,g. d
02-0167 07-0161
svobodova,z 02-0554
02-0562 03-0486
04-0536 04-0597
04-0603 09-0516
swan,patricia b.
11-0025
swangljung-collins,
helena 10-0099
swanson,steven p.
01-0069
swaran,jeet 11-0630
swarup,krishna
11-0417 11-0418
12-0481
sweeney,r k. 06-0276
sweeney,rose a.
12-0074
sweeting,r a. 11-0627
swidzinska,maria
02-0594
swierkiel,stefania
09-0539
swink,william d
06-0279
sycheva,m 08-0266
syed ali,s 09-0385
sykes,a r 09-0014
sylvester,h a
09-0590
sylvester,h allen
03-0538 06-0419
symader,wolfhard
10-0426
symonds,m. e
01-0122
symss,lisa l 07-0115
sysoev,a. v 10-0571
12-0710 12-0711
sytina,l a. 06-0250
syvertsen,christian
10-0583
szabo,f 01-0185
02-0211 12-0253
szabo,i. 09-0133
szabo,j. 08-0411
szabo,tibor i 01-0659
04-0664
szabone lacza,s.
07-0127 07-0131
szajko,lazlo 02-0155
szakolczai,j. 08-0496
szarek,jan 08-0147
08-0149 09-0129
09-0180 10-0205
szarowski,lech
07-0444 07-0508
szczerbowski,andrzej
07-0431
szczerbowski,jan
08-0351
szczerek,miroslaw
09-0129
szczyglinska,anna
12-0510
szelag,bogumila
03-0132
szelenyi,galantai m.
07-0020
szeleszczuk,olga
08-0442 08-0450
08-0451 08-0454
09-0543
szendroe,z 04-0639
05-0490
szentmihalyi,s.
02-0033 02-0053
02-0081 02-0088
03-0033 11-0150
szentpali,k. 04-0158
szep,p. 07-0349
szewczyk,alina
02-0603
szilagyi,m. 03-0033
04-0333 07-0222
szilagyi,zsolt 04-0274
szipola,i. 05-0289
szlaminska,malgorzata
01-0546
szlazynska,katarzyna
07-0491 07-0518
szoelloesi,i 07-0618
08-0197
szoelloesi,j. 07-0086
07-0087
szolgay,j. 02-0440
szprengier-juszkiewicz
,teresa 02-0091
sztajner,dorota
08-0211
sztych,danuta 03-0222
szucs,e 01-0211
07-0183
szumiec,maria a.
05-0369
szuromi,a. 07-0218
szwarc,barbara
09-0185
szymanczyk,krzysztof
12-0733
szypula,jerzy 08-0317
12-0526
szyszka,m 01-0073
12-0089
szyszkowski,lewter
10-0179
tabakov,g. p. 12-0272
tabakova,l p. 12-0272
tabata,kazuo 03-0464
tabata,kohji 11-0548
taber,charles a.
04-0464
taboada,paula 03-0294
tabouret,t. 03-0551
tack,d 01-0256
04-0276
tafro,n 02-0586
tag-el-den h 05-0490
tagiev,t. s 05-0226
taguchi,chie 10-0578
tahata,ichiro 06-0003
tai,ch 09-0307
tail,f t. 04-0620
tait,c. a. g 09-0218
12-0291
tajima,kenichi 07-0572
tajirova,t. m 10-0342
tak-senk,leong
10-0568
takacs,t. 07-0086
07-0087 08-0133
takada,yoshikazu
09-0041
takagi,yasuki 05-0440
takahashi,hiroya
06-0338
takahashi,koretaro
11-0554 12-0729
takahashi,shin-ichiro
04-0066
takahashi,yohei
10-0026
takahashi,yukinori
04-0611 11-0618
takai,toshiyuki
07-0046
takama,sadatoshi
12-0729
takasaki,seiichi
08-0050
takasu,osamu 11-0033
takatsuki,keigo
02-0097 09-0027
09-0055
takeda,masahiko
06-0333
takeda,t. 10-0645
takeda,t. 10-0646
takemasa,masaaki
07-0017 07-0023
takeshita,kiyoshi
03-0174
takeuchi,toshio
04-0541 04-0542
04-0568 11-0518
11-0519 11-0522
11-0547 11-0635
takeuchi,toyohide
09-0016
takeuti,toshihiro
01-0602
taki,yasuhiko 04-0576
takii,kenji 06-0333
takinami,koichi
03-0045
takizawa,hiroko
05-0453
takizawa,yoshio
12-0089
talbot,andre j.
02-0524
talbot,c. w 08-0399
tallis,g. m 05-0147
tallman,ross f
02-0500
tam,w h 07-0597
tamaru,c. s. 02-0529
02-0530 06-0342
06-0343 12-0664
tamayo,r 05-0555
tamiya,eiichi 10-0075
tamkjavichene,e
11-0474
tamminga,s. 05-0005
05-0006
tamozhnjaja,v a.
01-0599
tamura,t. 02-0470
tan,eddy s. p
10-0568
tan,eng m 10-0078
tan,henry s i
07-0065
tan,j. d 10-0408
tan-senk,leong
10-0570
tanabe,tashi 07-0046
tanaka,h 02-0648
tanaka,hisao 06-0296
tanaka,katuhide
01-0045
tanaka,makoto
05-0452
tanaka,toshio 01-0371
04-0406
tanchev,svetlin
05-0196
tang,yong 08-0392
tangendjaja,b 07-0054
taniguchi,n 02-0470
11-0590
tano,r 02-0223
tapil"skijj,i. a. 05-0162
tarakanov,b. v
04-0108 11-0004
tarakanov,s. s.
04-0036
taranenko,a. g.
09-0198
taranin,a v 02-0580
taranov,g. s. 04-0636
taranov,m. t. 01-0079

tarapchak,s. j. 11-0486
tarapovskijj,v 07-0385
taraschewski,horst 07-0592
tarasov,m. f 05-0055
tarasova,o. 08-0284
targonski,z. 05-0082
tarr,b. d 12-0482
tarrant,p. v 04-0096 12-0398
tartwijk,j. m. f. m. van 03-0276
taruoura,d 10-0027
tarvid,i. l. 07-0013
tarvin,thomas l 03-0040
tasaki,i. 08-0265
taschini,s. 01-0669
tashenov,k. t. 01-0028 06-0007
tataruch,frieda 02-0080
tatner,m. f 12-0694
tatner,mary f 10-0555
tatrai,istvan 12-0546
taubert 08-0260
taufik,m. i. 07-0305
taufik. s. a. 04-0414
taugboel,trond 11-0477
tauson,anne-helene 01-0628 03-0522 06-0404
tautenhahn,m. 02-0505
taverne,m. a. m. 01-0290 04-0305
taverner,m. r 01-0330
taylor,andrew w 09-0207
taylor,eleanor 11-0040
taylor,j. a. 04-0353
taylor,kevin s. 09-0574
taylor,m. b 08-0005
taylor,s. j. 10-0243
taylor,st c s. 08-0183 09-0242
taylor,st. c. s. 09-0203 12-0142 80- 018
taylor,william d 08-0338
taylor jun.,orley r 05-0509
tchorbanov,bojidar 07-0040
techakumphu,m. 05-0550 05-0551 10-0668
tegge,inge 06-0210
teglef,b 05-0224
teichert,ulrich 11-0037
teissier,j. h 01-0184 02-0192
teixeira,nilson milagres 11-0173 11-0211
tejnora,jan 07-0030
tekpetey,f r 06-0122 06-0123
telesnin,a. b 06-0395
teljatnikov,n. ja. 07-0075 07-0117
telle,h. 04-0709
teller,e 08-0017
telo,piro 01-0097
temple-smith,p. d 10-0209
tengelin,bjoern 02-0459
tenhaef,k. 07-0251
terada,t. 01-0361
teranishi,tetsuo 05-0396
terao,toshiro 06-0261
terebilo,n a. 02-0030 07-0181
terent"ev,g. v 12-0017
terent"ev,v v 01-0239 04-0249
terent"eva,a. s. 01-0253
tereshhenko,l. i. 09-0406
tereshhenko,v g. 09-0406
terlecki,janusz 12-0496 12-0522
ternes,w 10-0677 10-0678
tesarcik,j. 12-0687
tesio,calin 08-0395
teskeredzic,e 12-0628
teskeredzic,zlatica 12-0628 12-0629
tessema,abebe 04-0074
tessmann,d 05-0009
test,hugo 11-0224
tetens,vilhelm 10-0411
tetkova,marie 03-0255
tetreault,mark j. 08-0390
teusan,v 06-0177
tew,james 01-0660
thakur,raj kumar 06-0429
thaler, vitus 03-0553
thalmann,a. 12-0105
tham,sing h 11-0046
thamm,inge 06-0449
thebault,h 11-0602
thellen,c. 12-0681
thellesen,hans z 05-0061
theochari,vassiliki 03-0431
theodorou,michael k 06-0010 06-0011
theofan,georgia 11-0030
theriez,m. 03-0235 04-0261
thibault,r g 02-0588
thibier,m. 05-0093 10-0129
thiel,j. 04-0332
thielen,w j. g. 12-0145
thieme,h -j. 11-0327
thimm,h 10-0121
thite,k l 03-0578
tho,ho 08-0353
thoenes,steven c 04-0665
thole,b. 01-0347
thomas,adrian h 10-0115
thomas,c. 08-0068 09-0105 09-0210 12-0292
thomas,c. j. 11-0693
thomas,f c. 08-0511 08-0512
thomas,g. w 10-0219
thomas,ginette 11-0041
thomas,m. 12-0559
thomas,p. 12-0721
thomas,siegfried 05-0073
thomas,w 12-0162
thomason,m. a. 07-0420
thomasset,monique 01-0029
thomke,sigvard 04-0114
thompson,j. k. 09-0098
thompson,j. m. 07-0240
thompson,j. r 04-0410
thompson,kenneth w 04-0512
thompson,leonard m. 01-0340
thompson,marvin p. 11-0056
thompson,r 03-0206 08-0093 12-0387
thomsen,i 05-0455 06-0374
thomsen,m. gaardbo 10-0396
thomsen,robert d 04-0626
thomson,m. s. 09-0604
thonney,m. l 08-0182 08-0183 09-0242 10-0225
thorbek,g 04-0010 04-0106 07-0114
thorburn,g. d 07-0227
thorgaard,gary h 02-0482 02-0490 02-0492
thorlacius-ussing,o. 01-0058
thornley,j. h m. 04-0014
thornton,iain 02-0051
thornton,k. 09-0300
thorpe,john e 06-0277 06-0278 11-0527
thorup,f lemming 04-0701
threlfall,w r 08-0509 09-0621 09-0624
threlkeld,stephen t. 03-0396
thrower,frank p 10-0584
thuvander,a. 12-0471
thybaud,eriç 12-0682
thyssen,niels 10-0452
thyssen,niels 10-0453
tiemann,uta 07-0147
tiesler,f k. 03-0548
tiews,k. 03-0438 05-0248 07-0403 09-0382
tijssen,p. a. t. 01-0586 03-0434
tikhonov,i. 01-0268 04-0288 08-0189 10-0299
tikhonov,i. t. 04-0278
tikhonov,v n. 05-0170
tikhonova,l. s 10-0567
tikhonova,n a. 03-0184
tikhonova,s. 10-0489
tikk,kh. 04-0441
tikkanen,suvi 02-0579
tilbrook,a. j. 01-0235 05-0146
tillack,p. 08-0122 09-0070
tille-backhaus,rolanda 05-0346
tiller,h 01-0377
tiller,i. v 12-0523
tilsch,k. 02-0172 04-0152 04-0155 11-0196 12-0186
tilsch,klaus 12-0207
tilton,j. e 10-0661
timasheff,serge n 05-0038 07-0042
timashev,i. z. 02-0249
timchenko,a. g 03-0119 04-0134
timejjko,v n 02-0411 12-0646
timirov,n t. 10-0522
timishina,l a. 02-0493
timm,t. eh. 01-0502 08-0289
timm,v ja. 01-0502
timmermans,j. a. 05-0288 05-0416
timofeev,ju. p. 09-0121 09-0136
timofeev,l v 03-0249 10-0315
timofeeva,n m. 04-0037
timoshinova,a. e 03-0546 05-0511
timoshishin,m. 03-0405
tindall,bill 05-0535
tiran,m. h le 09-0257
tischer,h 04-0316
tischner,m. 01-0634
tishenko,a. v 02-0329
tishenkov,a. n 12-0104
tishenkov,p i. 02-0265 10-0119 10-0154 12-0120 12-0345
tishenkova,d 02-0368
titera,dalibor 08-0483 09-0581
titova,i. m. 06-0386
tittiger,frank 03-0063
tittmann,g 06-0205 07-0323
tituzov,i. g. 02-0264
tizol,g 10-0249
tjankov,svetozar 03-0209
tjjen,fan khong 12-0659
tjulebaev,g. k. 03-0210
tjurin,a. n. 08-0440
tjurin,v 08-0244
tjurk,kalle 08-0340
tjutjunikov,a. v 01-0157 12-0231
tkach,a. v 07-0132
tkachenko,n i. 04-0133
tkachev,e z 01-0009 01-0326 05-0022
tkachuk,m. m. 06-0185
tkhien,chan majj 12-0659
tmenov,i. 11-0114
tober,j. 07-0263
tobioka,hisaya 03-0168
toderash,i. k. 02-0442
todorov,marin 07-0092
todorov,milko 10-0524
todorov,nikolaijj a. 04-0209 05-0131
toelg,g. 01-0063
toelg,istvan 11-0515
togashi,kenji 02-0139
tojjshibekov,m. m 02-0241 10-0657
tokarev,v f 05-0128
tokarskaja,s. i. 07-0268
tokseitov,m. t. 03-0172 03-0181
tokuev,a. p 12-0608
tokunaga,t. 10-0660
tolbert,bert m. 09-0396
toldi,g 04-0247
tolokonnikov,ju. a 02-0329 02-0393
tolpeko,a. f 03-0225
tolpinskaja,g. i. 01-0023
tolstikhina,v s. 06-0248
tolstonogov,a. s. 09-0445
tolstov,k. 07-0385
tolstova,n 08-0262
tomanek,j. 12-0695 12-0697
tomashenko,g. v 09-0306
tomasik,lucjan 11-0448
tomczynski,ryszard 12-0755
tomica,e 01-0634
tomicki,zenon 02-0038
tomilenko,v g 07-0503
tominaga,k. 02-0636
tomita,t. 02-0171
tomova,dojjka 08-0274 12-0047 12-0155
tomova, jordanka 01-0101 01-0222
tomova,jordanka 07-0169

toncheva,ema 09-0333 12-0065
tone,mashide 12-0432
tong,a. k. w 03-0160 03-0598 07-0261 07-0269
tonkikh,a. p. 03-0388
tonosaki,hisashi 05-0397
topel,david g. 01-0277
topikha,v s. 03-0239
toporova,l v 01-0373
topp,h 08-0142
topps,j. h 02-0256
toribio,luisa 06-0350
toro,selami 01-0376
torre crossa,j.-p. 11-0669
torres,s. 01-0685
torres,suzanne 09-0611
torrissen,krisna r 09-0488
tort,l 05-0471
toth,gy 04-0055 08-0490
toth,imre 11-0265
toth,m. 05-0228 07-0349
toth,s. 04-0424
touraille,c. 10-0369
tovstik,v f 07-0484
tow,p. 10-0250
towne,william f 09-0573
towns,r 02-0198
townsend,colin r 01-0473
toyosaki,toshiyuki 08-0056
traag,w a. 04-0076
trageser,h. 09-0588
trama,s. 02-0060
trapezov,o. v 05-0487 06-0104
trappmann,w 06-0186 07-0148
traxler,g. s. 05-0457
trebatoski,j.bert 01-0465
trejjberg,eh 09-0564
trela,elzbieta 01-0228
trela,jan 03-0133 09-0187 09-0191 09-0192
treloar,b. p. 12-0001
trenholm,i. b. 04-0443
trenkle,allen 01-0019
trenkler,i. v 01-0580
tretevich,v 12-0236
tretjak,m. m. 02-0138 11-0190
trettner,k. 03-0310 05-0236
triebler,georg 01-0315 03-0258 07-0253
triemer,m. 07-0519
triemer,s. 07-0519
trif,alexandra 12-0044 12-0045
trijp,j. m. p. van 04-0076
trilk,juergen 07-0180
trinci,anthony p. 06-0010 06-0011
tripathi,g. 08-0304
tripathi,r s 02-0567
tripathi,v n 05-0090
trippel,e a. 07-0417
trivajjlo,v l 05-0055
trjamkin,f k 09-0477 09-0478
trjukene,v 01-0395 07-0359
troesch,juerg 02-0448
trombickij,i. d 02-0560 07-0579
tromble,g r 07-0429
tropper,w a. 11-0664 11-0665
troxler,j. 01-0224 04-0221
trubnikov,a. i. 09-0471
trudova,n v 07-0542
trujano,m 03-0582 03-0587 03-0588
trukhilo,g 01-0291 04-0306
trumbull,r o. 09-0359
tryukene,v 11-0114
trzebiatowski,rajmund 05-0395 07-0527 07-0528
trziszka,t. 03-0600
tsacopoulos,m. 04-0657
tschauschev,peter 03-0523
tschautschev,p. 02-0627
tschumi,pierre-andre 04-0494
tserveni-gousi,a. s. 07-0381 11-0411
tsukamoto,k. 03-0377
tsunoda,y 10-0660
tsunohara,mikio 04-0612 10-0553
tsutsumi,y 01-0361
tsuyama,shingo 09-0028
tubbs,roderick c. 03-0581
tuchemskijj,l 02-0354
tuchscherer,armin 11-0196
tucker,barbee w 09-0396
tucker,craig s. 06-0381
tuddenham,a. 10-0393
tudela-moreau,c. 05-0480
tueller,r 03-0320 03-0325 05-0229 07-0362 10-0379 10-0401 12-0452
tuerki,m. 03-0005
tufts,b. l 09-0400
tugarina,p. ja. 06-0267
tuinstra,l g. m. th 04-0076
tulajjdan s. v 07-0268
tullet,s. g. 12-0442
tullett,s. g 07-0328
tulung,bernat 10-0031
tumshs,r kh 06-0130
tur,b 06-0094
turabov,t. m 10-0274
turano,carlo 09-0039
turchinskijj,v v 01-0013
tureckijj,v i 09-0387
turesky,r 03-0039
turgumbaev,zh 09-0244
turinskijj,n m. 09-0238
turk,m 12-0564
turner,g f 03-0370
turner,j. r 05-0300
turner,l. w 03-0136
turner,t. b. 10-0636 10-0637
tutaeva,s. n 07-0286
tuzhic"kojj,v m. 10-0342
tverskojj,g. b 03-0145
tychon,p 10-0155
tyczkowska,krystyna 06-0070
tykhanova,a. i. 12-0626
tyoeppoenen,jouko 10-0022
tyrrell,h f 12-0075
ubeda,luis 12-0582
uceda,r garcia 02-0244
uchida,naoyuki 05-0278
udala,jan 08-0082
udalova,m. n. 03-0197
uddin,md jamal 01-0445
uden,p. 11-0007
udy,g b 12-0796
ueberschaer,k.-h. 01-0035 02-0056 10-0374
uecker,b. 02-0294
ueda,hiroshi 10-0149
uehlinger,urs 01-0497
uematsu,kazumasa 06-0316 10-0417 11-0415
ufodike,e b. c 02-0512 06-0337
ugadchikov,s. t. 04-0653 11-0656
uggla,zbigniew 12-0733
uherkovich,gabor 12-0549
uhlar,jozef 11-0204 12-0251
uhlig,a. 11-0242
uhlmann,d. 03-0477 11-0607
uhlmann,s. 08-0069
uhthoff,h. 02-0477
uiblein,franz 09-0427
ukhanov,s. v 01-0153
ul"janko,s. a. 07-0276
ulanovskijj. v a. 06-0424
ulgenes,yngve 11-0535
uliel,esther 06-0443
ullrich,mathias 04-0203
ulmann,leopold 01-0120
ulyatt,m. j. 04-0256
umakhanov,m a. 11-0180
umarova,z a. 01-0430
umbach,r 04-0283
umemura,y 04-0012 08-0013
umezu,m 11-0172
umirzakov,k. 01-0239
umpelev,v l 12-0611 12-0669
umursakov,t. 09-0244
unbereit,d 10-0118
underwood,barbara a. 11-0024
unshelm,j. 02-0334 10-0325
unterman,terry g 12-0095
unwin,m j. 01-0475
uotinova,e 02-0342
upitis,v 02-0060
urabe,jotarou 08-0320
uraiwan,supattra 02-0519
urasa,f m 08-0302
urasinska,anna 05-0132
urawa,shigehiko 09-0523
urban,f 11-0232
urbanek,karel 05-0138
urbaniak,m. 01-0014 07-0009 08-0021
urbaniak,marian 03-0226
urioste,jorge 03-0205
ursescu,a. 11-0262
uryn,boleslaw a. 07-0481
usachev,v n 11-0200
usborne,w r 04-0337
ushida,k. 11-0003
ushizawa,isamu 02-0097
usmanov,r u. 07-0243
usui,kazuya 06-0273
utesch,christine 07-0652
utkina,v i. 06-0076
utne,f 11-0539
utsumi,k. 02-0636 03-0055
utter,f m. 02-0502 03-0379 07-0427
uvarov,v v 04-0078
uys,w 10-0539 11-0586
vacek,j. 01-0553 07-0520
vacgal,j. 09-0194
vaganov,a. 01-0269
vaganov,v stjanojj 04-0285
vaganova,v a. 02-0227
vago,jozsef 09-0068
vagt,a. 05-0237
vaini,filippo a. 06-0352
vaissade,pierre 01-0008
vaitiekuniene,d. 02-0084
vajlo,v ih 01-0219
vakulenko,i. s. 04-0640
val"dman,a r 03-0104
valdes,e v 07-0107
valdivie,m. 08-0025
valee,jean charles 11-0107
valeev,n. b 12-0310
valenta,j. 04-0176
valentin,m. 05-0363
valentova,v 03-0486
valin,christian 09-0018
valtonen,maija 10-0022
van wambeke,f 09-0074
vana,eduard 10-0256
vanabelle,b 07-0119
vanabelle,m. 07-0119
vanbelle,m 07-0008 10-0125 10-0155 10-0240 10-0246 10-0247
vanchev,tosko 01-0409 05-0211 12-0021
vancho,m. 05-0221
vandepitte,w 03-0124
vandeplasche,m. 10-0639
vangelov,kiril 01-0313 11-0312
vangen,o. 12-0378
vanjatinskijj,v f 07-0585
vankov,kosta 07-0137
vanni,michael j. 01-0507
vansant,h. 03-0271
vanserslice,j. t. 03-0550
vansickle,j. 10-0321
vant,w n. 03-0383
varakina,r i. 09-0314 11-0357
vareca,n 04-0423
varel,vencent h. 07-0001
varga,l 04-0639
varhegyi,j. 04-0207 04-0207 04-0208 04-0208 07-0197 07-0197 07-0200 07-0200
varjan,r 01-0265 09-0267
varley,m. a. 12-0368
vartanjan,l k. 02-0462
varvikko,tuomo 12-0007
vasconcelos,a.m.p 03-0038
vashhilkc,v v 05-0504
vasil"chenko,o. n 03-0412
vasil"ev,a. s. 04-0450
vasil"ev,v p. 12-0509
vasil"kov, g. v 07-0590

vasil"kov,g. v. 03-0498
vasilev,milen 01-0272 07-0137
vasileva,emilija i. 10-0609
vasileva,jjova 05-0196
vasilevskijj,v. s. 01-0550 08-0298
vasilovskijj,n. l. 06-0135
vassilev,m. 04-0370
vaughn,valerie l. 09-0021
vavak,viliam 12-0314
vazhenin,v. 01-0151
vazquez,i. a. 01-0231 04-0228
vdovichenko,ju. v. 08-0148
vdovin,a. i. 12-0537
vearasilp,t. 05-0129
vedeneeva,v. a. 01-0214
vedjakina,f. 05-0218
veen,theo van 08-0294
veenhuizen,l. p. 12-0782
veer,j. c. de 12-0166
veiga,joao silva 02-0002
veira,d. m. 02-0273
vekerle,laslo 09-0266 10-0127
vel"matov,a. p. 04-0148
veldhuis,johannes d. 04-0035
velea,c. 04-0194 11-0177
velichkov,velichko nikolov 01-0650
velikov,veliko p. 01-0310 01-0316 04-0364
veliksar,d. s. 09-0306
velisek,j. 11-0066
velitok,i. g. 07-0149
veljovic,p. 03-0348 12-0503
velten,h. j. 03-0320 03-0325 07-0362 10-0401 11-0390
veltkamp,c. j. 12-0708
venderslice,joseph t. 10-0090
venediktov,a. m. 03-0172 08-0172
venediktova,t. n. 10-0011
venev,ivan 01-0295 04-0310 05-0101
veollestad,l. a. 11-0460
vercoe,j. e. 09-0013
verdouw,pieter d. 10-0032
veremeenko,r. 02-0394
verhagen,j. m. f. 01-0334 04-0032 10-0343
verheyen,g. 09-0092 10-0359
verigin,b. v. 12-0654
verigin,v. b. 09-0501
verigina,i. a. 02-0405 09-0386
verite,r. 01-0111
verma,o. p. 07-0244
verma,s. r. 11-0508
vermaillen,f. 06-0176
vermette,m. g. 03-0340 03-0341 03-0342
vermeylen,kristel 03-0050
vernay,michele 04-0013
vernon,r. g. 12-0032
vernon,richard g. 12-0018
verreth,j. 01-0592 04-0558 10-0544 11-0588
verstegen,m. w. a. 01-0334 05-0182
vervaeke,i. j. 04-0102
vesely,j. a. 05-0142
vesely,vladimir 08-0483 10-0630
veshhev,p. v. 09-0402
vestergaard,t. 12-0379
veter,s. 06-0246
vetterli,peter 11-0598
vettermann,gisela 08-0069
veum,trygve l. 06-0044
vibikas,a. a. 01-0153
vicini,j. l. 06-0012 12-0230
vicovan,g. 11-0262
videv,vid"o s. 09-0202
viessmann,p. 01-0301 12-0383
viest,miroslav 10-0120
viets,t. c. 02-0052
vig,e. 04-0598 08-0423
vigh,l. 07-0298
vigner,j. 10-0162
vignieri,j. 05-0544
viktor,juzef 04-0607
viktorova,e. 07-0345
viktorova,v. f. 07-0571
vilenskaja,n. i. 12-0637
vilisov,v. d. 05-0506
villegas,c. t. 02-0522
vilson,v. 09-0153
vincent,c. 03-0593
vincent,isobel c. 05-0163
vinegradov,g. a. 12-0483
vinnichuk,d. t. 06-0118
vinnik,l. 02-0021 08-0242
vinnikov,n. i. 03-0237
vinogradov,g. a. 02-0410 09-0392
vinogradova,i. e. 01-0422
vinogradova,v. m. 02-0413 09-0388
vinokhodov,v. 01-0352
vinson,g. p. 07-0062
viola,s. 02-0471 11-0520
viola,shlomo 11-0560
vipond,j. e. 09-0250
virabjan,r. 09-0267
virtanen,erkki 04-0554
vischer,daniel 11-0423
visconti,angelo 03-0060
vishnevskaja,o. 10-0480
vishnjakov,m. i. 11-0228
vishnjakov,s. i. 01-0037
vismanis,k. o. 08-0418
visscher,a. h. 05-0151 10-0269
visser,h. w. c. 04-0519
vitek,milos 03-0255
vitturi,r. 03-0455 12-0508
viveen,w. j. a. r. 02-0430 11-0580
vlacil,r. 01-0247
vladimirov,m. z. 02-0442
vlakhov,kolju 06-0447 06-0465 07-0648
vlasov,v. a. 04-0535 12-0595
vlasov,v. ih. 06-0128
vleck,l. d. van 08-0136 12-0166
vleck,l. fale van 03-0001
vlemmas,j. 07-0582
vlieg,peter 09-0390
vodolazhchenko,s. 05-0218
vodovozova,m. a. 07-0544
voege,margrit 05-0355
voegeli,p. 10-0303
voekler,thomas 08-0303
voelgyi csik,j. 07-0215
voelkel,b. 02-0284 03-0256 04-0284 09-0263
voelkel,s. a. 05-0530
voelker,t. 01-0021
voellestad,leif asbjoern 07-0441
vogel,andreas 02-0404
vogel,c. 11-0481
vogel,p. 04-0075
vogel,r. 12-0127
vogler,rolf 06-0171
vogt,h. 01-0035 02-0056 03-0303 07-0110 09-0335 10-0374 12-0116
voh jun.,a. a. 02-0622
voigt,claus 05-0068
voigt,g. 04-0055
voigt,j. 07-0002 08-0004 08-0101
voinov,a. a. 03-0388
voisin,guy a. 01-0689
vojjnalovich,s. a. 07-0286
vojjnova,n. v. 10-0567
vojjnova,o. a. 01-0206
vojjnova,roza 12-0065
vojjtovich,p. b. 07-0268
vol"vich,l. i. 07-0458
volchkov,ju. a. 09-0503
volk penko,irena 02-0023
volkov,a. s. 01-0234 04-0235
volkov,g. m. 10-0590
volkov,m. s. 04-0387 07-0318
volkova,r. i. 04-0659
volkova,z. v. 04-0202
vollenweider,richard a. 07-0473
volobuev,v. p. 02-0013 02-0019 02-0331
volobuev,v. v. 06-0255
volobueva,r. a. 03-0273
volodin,v. 09-0619
volodin,v. a. 06-0461
volodin,v. m. 06-0272
volodina,t. t. 10-0023
vologdin,m. p. 09-0466
volokhov,o. a. 01-0028
voloshenko,b. b. 10-0532
voltattorni,carla borri 09-0039
voltolina,d. 01-0480
volynskijj,v. i. 12-0591
voorde,g. van de 12-0319
voorthuis,p. k. 11-0581 11-0601
vorob"ev,eh. g. 11-0165
vorob"eva,a. a. 09-0438
vorob"eva,n. k. 12-0633
voroblev,a. m. 05-0057
voronenko,v. i. 04-0136
voronjuk,i. p. 02-0138
voronkova,f. v. 06-0018
voronov,a. v. 02-0420
voronov,m. g. 02-0420
vos,f. l. de 03-0043
vosilene,m. 11-0439
voskobojjnik,i. d. 08-0238
voss,a. k. 08-0508
vostradovska,m. 01-0537
vostradovsky,j. 01-0537
vostrova,l. n. 12-0308
votincev,k. k. 12-0547
vovk,p. s. 07-0535
vrakin,v. f. 05-0257 12-0272
vreves,g. 09-0246
vrhovsek,d. 04-0592
vries,a. w. de 07-0351
vromandt,gerard 11-0346
vsevolodov,e. b. 07-0225
vsjakikh,a. s. 09-0156
vtorykh,eh. a. 01-0209
vudmaska,v. ju. 01-0204 03-0187 07-0014
vukovic,d. 10-0638
vul"fson,p. l. 10-0098
vuren,j. h. j. van 11-0575
vuuren,a. m. van 05-0005 05-0006
vvedenskaja,t. l. 06-0282 12-0523
vyhnalek,vojtech 05-0339 11-0499
vykusova,b. 02-0561 02-0562 03-0486 09-0516
vymazal,jan 06-0303
vymola,jarmil 01-0246 07-0030
vysockaja,t. i. 05-0162
vysokos,n. p. 09-0149
waasjoe,erling 01-0597
wabeck,j. 10-0672
wada,hiroshi 05-0533
wada,kenji 07-0046
wada,shinpei 05-0476
waddington,d. 04-0389 10-0371 11-0406
wade,j. m. 04-0704
wade,nancy s. 10-0151
waechtler,klaus 01-0426
waehner,m. 04-0293 04-0299
waelchli,r. o. 12-0783
waga,shinobu 10-0078
waggoner,t. bill 10-0110
waghorn,g. c. 04-0256
wagner,b. 01-0596 02-0457
wagner,g. m. 01-0482
wagner,h.-g. r. 11-0684
wagner,t. e. 11-0089
wagner,w. 10-0066
wagstaffe,peter j. 09-0050
wahli,t. 06-0377
wahul,m. a. 07-0583
wain,g. m. 05-0537
wain,j. m. 03-0332 03-0345 12-0485
wainwright,peter c. 01-0466
wakabayashi,meiko 10-0581
wakita,masaaki 04-0212 04-0214
waknitz,f. w. 08-0307

wal,p g van der 10-0226
walcott,benjamin 01-0640 01-0641
waldo,d r 08-0018 12-0075
walford,j. 11-0606
walker,m 09-0309
walker,m a. 11-0406
walker,m greer 11-0640
walker,marion a. 04-0389
walker,s k 10-0658
walkley,j. r w 09-0232
wall,j. h 01-0067
wallace,jeff 04-0622 11-0532 11-0558 11-0559
wallace,r j. 04-0009 06-0001 11-0014
wallace,s r 04-0258
waller,gordon d 09-0574
wallingford,john c 11-0024
wallner,wolfgang 03-0534
wallschlaeger,d 12-0138
wallus,robert 03-0350
wallwork,james c 10-0024
walser,elizabeth shillite 03-0082
walsh,c t. 07-0055
walter,gilbert g 01-0539
walter,k 04-0172 07-0211
walter,klaus 01-0129
walters,carl j. 08-0333
walters,david 03-0082
walters,m. 10-0539
walton,donald j. 07-0034
walton,j s. 01-0416 01-0680 03-0572 12-0782
walz,o p 08-0213 10-0043
wambeke,f 10-0354
wand,a. moshua 09-0017
wandurski,andrzej 06-0458
wang,b l 03-0569
wang,h 04-0687
wang,kl 06-0173
wang,rong 09-0021
wang,shu-sen 09-0504
wang,t. c 07-0108
wang,y l 11-0434
ward,darrell n 05-0521
ward,david l. 09-0414
ward,f. j. 01-0471
ward,g. milton 01-0528
ward,james v 05-0344
ward,nelson e 02-0134
ward,stephen a. 01-0072
wardas,maria 10-0085
wardas,wladyslaw 10-0085
wardowski,bazyli 10-0308
ware,c b 04-0688 06-0463
warfield,s. j. 04-0690
warnes,g m 03-0570
warnke,u. 10-0625
warriss,paul d 07-0241
warzecha,h 02-0142
waselowski,bodo 04-0681
wasilewska,anna 03-0231
wasilewska,blandyna ewa 07-0517
wasserman,robert h 01-0031 05-0033
watanabe,colin 07-0031
watanabe,etsuo 05-0275
watanabe,takeshi 04-0541 04-0542 04-0568 11-0518 11-0519 11-0522 11-0547 11-0635
watanabe,tasuku 11-0427
watermann,b 10-0585
waters,c j. 07-0374 08-0010 08-0102
waterstraat,a. 03-0478
waterstreet,p 11-0616
watkins,kevin l 06-0044
watson,e d 07-0146 09-0128
watson,j. j. 05-0471
watten,barnaby j. 06-0398
watters,c d 09-0059
wawro,kazimierz 01-0410
wawrzynczak,st 01-0086 01-0213 11-0223
wawrzynczak,stefan 12-0315
wcislo,ryszarda 11-0488
weatherley,l r 06-0396 06-0397
weatherley,n s. 11-0464
webb,a. j. 01-0274 04-0311 07-0260 12-0361
webb,c. j. 05-0295
webb a. j. 01-0296
weber,adolf 03-0071
weber,g. m. 02-0530
weber,greg m. 01-0589
weber,j. a. 05-0547
weber,k. 06-0225
weber,roy e 02-0564
webster,a. j. f 08-0102
webster,j. r 10-0454
webster,m e d 05-0154
webster,s j. f 08-0010
wecke,c 04-0361 11-0338
wedig,c l 11-0008
wee,kok leong 09-0504
weekes,t. e c 12-0060
weerden,e j. van 04-0117 07-0101
weesner,gary d 12-0172
weglarz,ludmila 10-0085
wegner,bernd 09-0265
wegner,i 10-0134
wegner,rose-marie 02-0353
wehner,heidrun 09-0555
wehren,w 09-0293
weigand,e 08-0213 10-0043 10-0228 10-0387 11-0288 11-0337 11-0340 11-0393
weigel,nancy l 01-0053
weigelt,e 01-0075
weiher,o 06-0147 07-0154 12-0191 12-0204 12-0259
weiland,g. 02-0234
weinreich,o. 10-0112 12-0684
weirowski,f 05-0245
weis,j. 08-0413
weis,peddrick 10-0042
weisenburger,r d 04-0211
weisheit,heinrich 05-0167
weismann,thomas 06-0369
weiss 03-0178
weiss,g m. 04-0151
weiss,h 08-0372
weiss,j. 01-0118 03-0262
weiss,johannes 08-0498
weiss,juergen 01-0307 10-0330
weiss,karl 03-0535
weissbach,f 02-0128 02-0129 02-0130 02-0131 02-0135 07-0073 09-0104 09-0285 10-0123 12-0146
weissenborn,b. 02-0283
weitkamp,d e 03-0480
weitz,m 07-0212
weitze,k. 09-0268
weitze,k. f 08-0086
weixin,wu 07-0501
weixin,zhao 03-0441 07-0502
wejda,e 12-0273
wekerle,l. 08-0197
welch,harold e 01-0488
weller,j. i 12-0238
weller,r f 12-0245
welling,a. m. a. w 12-0350
welling,gjalt w 05-0031
welling-wester,sytske 05-0031
wells,j. w 11-0369
wells,julian r e 09-0020
welp,c 06-0460
welsch,t. 12-0083
welsch,ulrich 07-0078
welsh,t. l. 03-0480
weltzien,e m 12-0144
wenda-rozewicka,lidia 03-0183
wendelaar bonga,s. e 08-0302
wendler,d 02-0476
wendler,e 08-0361
wenger,mark n 04-0511
weniger,h j. 07-0022
wenk,c 11-0321
wenk,g. 02-0086
wenquing,fu 12-0513
wenquing,yao 05-0286
wenzel,d 06-0408
weppelman,roger m. 08-0057
werf,j. van der 11-0164
werhahn,e 03-0252
werlein,h.-d. 10-0677 10-0678
werner,heidrun 04-0646
werner,j. 09-0329 09-0332
werner,k. 01-0337
wertheimer,alex c 11-0556
wery,p 11-0473
wessely,elisabeth-charlotte 03-0138
west,cameron j. 07-0421
west,d w 09-0059
west,i. f 03-0403
westell,r a. 08-0136
westergaard,l 04-0683
westin,lars 04-0504
weston,p. g. 03-0575
westphal,g. 11-0061 11-0063 11-0064 11-0065
westrich,paul 06-0416
wetscherek,wolfgang 07-0125 10-0231 12-0277
weyreter,h. 11-0019
wezyk,s. 01-0408 05-0233 09-0325 09-0327
whanger,p. d. 05-0024
wheeler,julia r 09-0058
whelehan,c p. 12-0393
wherhahn,c f 07-0428
whitaker,c j. 07-0199
whitaker,d j. 05-0462
white,b g. 06-0004 07-0198
white,carla broich 02-0064
white,d h 05-0164
white,k. l. 04-0698 09-0603
white,r w g 12-0513
white,ray j. 03-0352
whitehead,c. c. 10-0371 12-0450
whitelaw,f g 03-0011 08-0029
whitfield,c h 06-0452
whitlow,marc d 11-0078
whittington,frances m 01-0329
whoriskey,f g. 03-0369 11-0422
wibran,kenneth 04-0672
wicker,anton m 08-0315
widzowski,daniel v 07-0438
wiebe,w j. 12-0489
wiechetek,m. 03-0021 12-0029
wiedenbeck,a. 04-0369
wiedermann,f 08-0074
wiedmann,rudolf 11-0345
wielgosz,zofia 10-0170 10-0218
wiemann,bernhard 02-0004
wienands,alexander 02-0617 07-0625
wienberg,h 11-0633
wiener,james g. 03-0476
wierenga,h k. 01-0102
wierzbicka,jadwiga 10-0566
wierzbowski,st. 08-0506
wierzchos,edward 02-0649
wiesemueller,w 04-0112 06-0022
wieser,herbert 03-0042
wieser,w 05-0265
wiggans,g r 12-0200 12-0215
wijegoonawardan,anita 10-0449
wijers,g. w 04-0373
wike,l. d. 04-0566
wiklund,bo-soeren 11-0436 11-0530
wikstroem,per 04-0065

wilczynski,p. 10-0462
wilde,r m. 04-0094
wiley,m. j. 04-0566
wilk,grazyna 01-0125
wilk,hartmut 11-0233
wilke,a. 02-0179 07-0180
wilke,e. 04-0265 12-0347
wilkins,adam s. 04-0093
wilkins,noel p 10-0523
wilkinson,bruce h 01-0495
wilkinson,marilyn t. 01-0607
will,a. marie 07-0105
wille,hans 08-0499
wille,marianne 08-0475 08-0476
willeberg,p 07-0646
willeke,h 04-0307 05-0225 12-0241
willer,heidtraut 11-0178
willford,wayne a. 05-0426
willham,r l 12-0171
williams,a j. 04-0044
williams,a p 08-0156
williams,e m 01-0431
williams,h l 05-0163
williams,i v 07-0435
williams,ingrid h 06-0428
williams,j. 07-0335
williams,katherine m 11-0666
williams,ken 11-0567
williams,kendall a. 07-0559
williams,linda a. 07-0146
williams,p c 11-0431
williams,p e v 04-0017
williams,v brewer, a. c 07-0213
williams jun ,charles h 09-0035
williamson,cynthia j. 01-0124
williamson,j. holt 03-0360 03-0361
williamson,p 12-0784
willis,antony c. 10-0081
willis,donald e 10-0072
willoughby,l g 05-0460
wilmink,j. b. m. 04-0159 04-0177 04-0179 07-0152 12-0239
wilmut,i 01-0296 04-0311 05-0052
wilsdorf,andreas 12-0056
wilson,anne 01-0603
wilson,david m 06-0052
wilson,j. m. 04-0702
wilson,l l 04-0267 04-0268
wilson,r p 06-0335
wilson,raymond r 04-0451
wilson,s. b. 06-0178
wilt,j. g. de 02-0125
wilton,j. w 04-0153 10-0186 11-0197
winfield,c. g. 04-0270
winfield,i. j. 05-0302
winfield,joseph g. 06-0341
winkel,m. 03-0520 10-0460
winkelmair,klaus 03-0483
winkler,f 06-0364
winkler,helmut 11-0452
winkler,helmut m. 11-0453
wintenberger-torres,s. 05-0550 10-0668
winter,jimmy d 04-0511
wintersperger,r 04-0168
wintersteiger,michael r 08-0329
wippelhauser,gail s. 03-0365 03-0367 12-0533
wise,t. h 02-0624
wiseman,j. 01-0397 07-0284
wisniewolski,wieslaw 07-0487
witaszek,urszula 09-0539
withler,r e 10-0529
witt,norman 05-0061
wittemann,fritz 12-0423
wittenberg,k. m. 04-0008
wittenberger,c. 04-0025
wittenburg,h 08-0033
witthames,p r 11-0640
wittig,gerald 12-0191
wittmann,dieter 09-0571
wittmann,m. 04-0280 04-0334
wittmann,mihaly 11-0299
wittwer,sylvan h 03-0072
wlasow,teresa 10-0576
wlasow,w 02-0186
wodziak,krystyna 12-0336
woelbling,g. 02-0185
woelfe,w 01-0620
woerle,l 12-0241
woernle,h 02-0388
wohlfarth,giora w 02-0520 04-0533
wohlgemuth,evzen 05-0290 05-0428
wohlt,j. e 12-0003 12-0004
woike,martin 12-0348
wojcik,stanislaw 01-0390 09-0548
wojno,tadeusz 07-0524
wolczak,janina 05-0132
wolf,b. 08-0362
wolf,j. 02-0151 07-0158 09-0176
wolf,v 05-0247
wolf,w 04-0452
wolf,wayne w 05-0509
wolfe,d f 01-0683
wolff,h 01-0033
wolfien,h 12-0262
wolke,r e 12-0723 12-0724
wolkerstorfer,susanne 02-0146
wollert,j. 02-0172 04-0155 11-0196 12-0186 12-0202 12-0207
wollin,k.-m 07-0478
wolos,arkadiusz 07-0483 07-0488 07-0491 07-0518
wolowyk,m. w 04-0453
wolter,j. 01-0637
wolynetz,m s. 12-0190
wong,m. c. 07-0560
wongsiri,siriwat 09-0590
woo,n y s. 12-0662
woo,p t. k. 07-0584
wood,a. b 11-0450
wood,c. c. 07-0425 07-0564 07-0565
wood,chris m. 12-0478
wood,j. d 01-0308 01-0329 12-0393
wood,sarah e 05-0460
wood,valeria a. 05-0166
wood. j. 01-0339
wood-gush,d g. m 06-0102 08-0095 12-0140
woods,g l 10-0664
woods,j. l 05-0156
woolliams,c 09-0249
woolliams,j. a. 06-0174 06-0179
wootton,r j. 11-0422
workamp,j. a. 12-0453
worniallo,ewa 10-0419
wrathal,a. e 03-0582 03-0587
wrathmell,a. b 12-0470
wright,g. l 11-0330
wright,i a. 04-0196
wright,j. r 12-0205
wright,james e 02-0498
wright,patricia 01-0428
wright,r m 01-0584
wright,r s. 03-0441
wright jun ,h e 11-0486
wright jun ,j. e 09-0479
wrigth,i. a. 12-0170
wroblewska,malgorzata 04-0633
wu,g. 04-0410
wu,m. 04-0687
wu,wanrong 05-0310
wu,yan-ru 10-0608
wubishet,a. 01-0677
wuensche, j. 07-0102
wuensche,j. 05-0009 05-0010 07-0103
wuerzner,herbert 07-0353 10-0231
wuest,eberhard 07-0039
wuethrich,k. 10-0649
wulf,barbara 12-0406
wulff,wolf-ruediger 01-0484
wullbrandt,hannelore 09-0294
wunder,bernd 08-0497
wunder,wilhelm 02-0570
wuttke,w 08-0510
wuyi,wang 02-0051
wyatt,r d 12-0016
wynne,d 07-0465
wyrobisz,elzbieta 09-0172
wyss,u. 03-0137
xhaxhiu,dashamir 05-0124
xhelaj,adem 01-0376
xianghus,liao 05-0468
xianzhen,guo 07-0512
xijun,wang 08-0360
xiumin,cheng yulin hu 07-0537
xizhang,gong 07-0540
xu,k. 04-0687
xu,k. p. 03-0573
xu,s. 02-0612
xu,yi-chun 09-0052
xuedong,zhang 07-0538
xun,luying 08-0394
yacobson,b. 06-0441
yadav,a. k. 01-0436
yadav,m. c. 03-0572
yadav,sutaj bhan singh 11-0648
yagasaki,kazumi 03-0024
yagioka,kiyomi 12-0149
yalow,rosalyn s. 01-0057
yamada,kazuta 06-0137
yamada,y 02-0648
yamada,yukio 04-0163 04-0206
yamaguchi,katsumi 01-0564
yamakawa,h 03-0579
yamamitsu,shunichi 11-0421
yamamoto,akemi 08-0056
yamamoto,hiroki 08-0385
yamamoto,katsuhiro 12-0080
yamamoto,ken-ichi 09-0384
yamamoto,kimiko 12-0619
yamamoto,yoshikazu 10-0579
yamanoi,j. 03-0579
yamaoka,ryozo 12-0112
yamashina,hideya 06-0450
yamashita,katsuko 08-0050
yamazaki,atushi 08-0009
yamazaki,fumio 03-0448 06-0261 12-0638
yanchenko,n. n. 01-0448 01-0449
yang,h. 12-0368
yanin,e p 01-0513
yannakopoulos,a. l 07-0381
yano,tomoki 02-0569
yaron,z. 09-0505
yasuhara,akio 09-0026
yasutake,w t. 03-0500
yazhu,zhu 07-0537
yeheskel,o 06-0340
yellon,steven m. 01-0232
yellon, s teven m. 04-0232
yen,j. t. 01-0321
yeomans,m. 04-0269
yi-xiong,lin 09-0512
yim,j. j. 06-0047
ying,chen 07-0551
yingxue,fang 07-0512
yokohama,michinari 04-0649
yokoyama,jun 04-0610
yomasaki,yosuke 07-0033
yone,yasuo 11-0523
yonekawa,hiromichi 05-0292
yonekawa,hiroyuki 12-0619
yoneyame,tadakatsu 11-0009
yongle,chang 02-0424
yoselewitz,israel 09-0324
yoshida,mitsutoshi 10-0667
yoshimizu,mamoru 05-0452 05-0453 07-0576 09-0519
yoshimoto,tadashi 01-0371 04-0406
yoshinaka,reiji 03-0335 05-0280 08-0296 11-0435
yoshino,masazumi 07-0038
young,c. w 12-0187
young,j. d 04-0453
young,j. z 05-0258
young,l. g. 04-0115

young,larry d. 01-0271
youngs,c r 03-0576 04-0685
youngson,a. f 03-0343
youngson,arthur 09-0398
younis,a. a. 04-0253
youson,john h. 07-0443
yu,k. l. 12-0662
yu,robert k. 08-0048
yu,t. c. 02-0496
yu,tang 05-0291
yueing,chen 07-0538
yufang,liu 07-0540
yukhimenko,s. s. 05-0469
yuliang,liu 08-0360
yulis,c. r 01-0434
zabka,h. 04-0564
zabkiewicz,krystyna 04-0650
zableckis,ju. 11-0563 11-0564 11-0565
zabolotnikov,a. 02-0364
zabolotnyjj,i. 08-0246
zabolotnyjj,i. i. 06-0201
zabolotskijj,v a. 11-0051
zaborniak,a. 04-0301
zachmann,b. 08-0253
zadneprjanskijj. i. p. 07-0156
zadworny,d 01-0416
zaehres,w 02-0277
zagljacova,e b. 11-0383
zagljadova,e 12-0443
zago,claudio p. 11-0123
zagorjanskijj,k. 10-0476
zahraoui,ahmed 01-0059
zainuddin,a. t. 07-0600
zajjcev,a. i. 10-0516
zajjcev,p. m. 12-0102
zajjcev,v 10-0506
zajjcev,v d. 06-0005
zajjcev,v f 09-0451
zajjceva,i. i. 09-0393
zajjceva,v ja. 11-0136
zajjchenko,k. i. 08-0298
zajjkov,angel 04-0569
zak,t. s. 05-0371
zakaria,a. h. 07-0376
zakhariev,zakhari i. 05-0115 07-0174 12-0258
zakharjan,v v 10-0207
zakharov,s. s. 10-0464
zakhidov,kh 02-0238
zaki,a. a. 12-0281
zaki,m i. 11-0596
zakrzewska,helena 06-0142
zaleski,stanislaw j. 07-0661
zalewski,wladyslaw 09-0171
zalewski,wojciech 08-0448
zalinska,maria 04-0122
zaluska,krystyna 02-0247 03-0207
zalygin,a. 08-0246
zama,koichi 11-0554
zaman,z. 12-0709
zaman,zarina 10-0570
zamazijj,a. a. 07-0636
zamazijj,m. d 11-0013
zamialkowska,grazyna 09-0327
zamora,a. 08-0153
zan,ku suan 06-0025 06-0037
zander,r 04-0129 06-0219 07-0337 10-0380 10-0381 11-0144
zanguitu,j. 07-0614
zapertova,n 10-0505
zapevalov,p. 06-0212
zapf,juergen 12-0094
zaporozhec,i. n 06-0189
zaporozhec,n. f 02-0216
zarinja,eh ja. 06-0133
zarnecki,andrzej 10-0216
zarpullaev,sh 03-0220 04-0252 10-0223
zarragoitia,l 08-0153
zarske,axel 08-0292
zarski,tadeusz p. 12-0289
zarytovskijj,a. 02-0361
zatravkin,m. n 12-0703
zaugg,w s. 08-0307
zausch,m. 07-0270
zavertjaev b p. 04-0157
zavy,m. t. 03-0585 03-0586 12-0188
zawadzki,wojciech 12-0009 12-0010
zborovskijj,l. v 04-0182
zdanovich,v v 09-0450
zdunczyk,zenon 09-0110 09-0111
zdzitowiecki,krzysztof 05-0475 11-0620
zebrowska,h 08-0007
zebrowska,t. 04-0027 08-0006 08-0007 08-0008 08-0011
zedler,w 05-0254
zee,j. a. 10-0091
zee,ruurd van der 05-0031
zeeb,k. 01-0220
zejjnalov,g. z. 10-0274
zelazny,jan 10-0564
zelenin,a. m. 02-0422
zelenin,i. 08-0228
zelenkov,p. 09-0120
zelfel,s. 02-0160 07-0153 08-0138
zelfel,s. 09-0165 12-0206
zelinskijj,n a. 12-0329
zeller,katharina 07-0157
zeman,a. 01-0481 06-0304
zeman,ladislav 10-0333
zembayashi,meiji 04-0191 05-0116 05-0117
zemen,ladislav 01-0332
zemljanicyna,t. ju. 09-0502 11-0483
zemp,markus 12-0182
zenkevich,g. a. 04-0462
zenobi,peter d 12-0094
zervas,g. 03-0031
zeveren,a. van 12-0360
zglobica,aniela 04-0405
zhabaliev,m. a. 03-0194
zhamalov,s. zh 10-0493
zhamkochjan,r l 06-0032
zhang,f l 05-0405
zhang,guang-shi 10-0106
zhapbasov,r 10-0135
zhapsarbaev,a. 10-0273
zharikova,t. i. 09-0522
zharkin,v v 06-0125
zharkova,i. p 11-0400
zhavoronkov,n i. 06-0386
zhdanov,ju. i. 05-0389
zhdanova,g. a. 05-0319 12-0552
zhebel",r v 08-0154
zhebrovskijj,l. s. 09-0090
zhekov,petahr 05-0101
zhelev,kostadin 02-0213 12-0290
zheleznov,s. 10-0406
zhelezova,a. i. 06-0410
zheltopuzov,v n 12-0767
zheltov,ju. 10-0504 10-0508
zhemaeva,n. p 01-0510 08-0364 12-0556
zhengxun,wang 02-0509
zhestokanov,o p 03-0144 03-0145
zhevin,l. a. 05-0066
zhidkova,n s. 08-0377
zhigin,a. v 12-0610 12-0614
zhitaru,i. a. 02-0516
zhiteneva,l 10-0491
zhivalev,i. k. 02-0164
zhivkova, jordanka 04-0304
zhivkova,jordanka 01-0289 10-0309
zhivotovskijj,l a. 08-0378
zhixin,liang 05-0468
zhlitzsch,yvonne 05-0189
zholdasova,i. m. 02-0417
zhou,x. y 05-0405
zhu,y 05-0405
zhukinskijj,v n 09-0380 12-0506
zhukors"kijj,o. m. 07-0056
zhukov,n i. 10-0572
zhukov,v 11-0395
zhukov,v n 05-0514
zhukova,n m 01-0132 11-0165
zhumadullaev,b. kh 12-0263
zhumagulov,s. k. 03-0210
zhumashev,zh zh 01-0227
zhumashov,md zh 09-0243
zhuravlev,i. 07-0044 07-0313
zhuravlev,i. v 01-0023 09-0005
zhuravleva,l. i. 04-0328
zia-ur-rehman 12-0082
ziecik,a. 10-0661
zielinski,zygmunt 04-0552
zikuska,j. 02-0443
zilkova,jana 01-0074
zima,janusz 01-0392
zimak,jiri 01-0074
zimin,n l. 02-0395
zimmermann,j. 01-0348
zimmermann,paul 12-0348
zin,marek 11-0313
zinchenko,l i. 06-0050
zinichev,v v 05-0386
zinke,b. 02-0504
zintz,klaus 10-0468
zito,c. a. 04-0267 04-0268
zjuman,b v 01-0663 03-0564 06-0439
zlabek,a. 12-0590
zlatev,stojan 04-0569
zlochevokaja,k 02-0342
zlochevskaja,k. 05-0193
zlochevskaja,k. v 11-0358
zmyslowska,izabella 11-0482 12-0673
zobel,h 10-0459 10-0472
zobelt,u. 10-0067
zoeldag,l 01-0629
zogno,maria amelia 01-0114
zohar,gil 02-0471 03-0460
zon,andrzej 09-0542
zonov,m. 02-0361
zonov,v 10-0477
zopf,d. 08-0052
zorbidi,zh. kh 12-0505
zorita,e 08-0022
zotov,i. d. 08-0118
zoun,p. e f 06-0361
zubec,m v 04-0134
zubko,alfreda 05-0109
zubkov, v p. 02-0249
zubkova,n f 08-0215 10-0331
zucker,h 05-0035
zuellig,hans 03-0385
zuellig,marcel 01-0372
zuk,boleslaw 10-0179
zukowski,kazimierz 03-0134
zullo,a. 12-0399
zumwalt,elmer 11-0663
zumwalt,robert w 03-0041
zunft,h.-j. 03-0004
zupp,w 07-0184 12-0262
zurawek,andrzej 05-0385
zurkowski,maciej 02-0239
zwalmen,p. van der 05-0538 10-0644
zwierz,p.-m. 09-0104
zwlewski,wladyslaw 09-0185
zykunov,n. 01-0283
zykunov,n. p 04-0296 11-0307
zyniewicz,h. 02-0539
zywczok,henryk 01-0198

Geschichte der Agrarwissenschaften der DDR

(Vorträge eines wissenschaftlichen Symposiums der Akademie der Landwirtschaftswissenschaften der DDR und der Historiker-Gesellschaft der DDR am 6. und 7. November 1986 in Berlin)

Tagungsbericht Nr. 254, Akademie der Landwirtschaftswissenschaften der DDR, 1987

Schwerpunkt der 22 Beiträge, in der Mehrzahl aus der Feder führender Wissenschaftler der landwirtschaftlichen Akademie- und Hochschuleinrichtungen der DDR, bildet die Entwicklung von Forschung und Lehre in der Übergangsperiode (1945 bis 1961). „Zur Entwicklung der Agrarwissenschaften aus historischer und aktueller Sicht" wird im Hauptreferat Bezug genommen. Folgende 5 thematische Komplexe werden im vorliegenden Tagungsbericht behandelt: Agrarwissenschaften in der Zeit der faschistischen Diktatur, ihre Rolle als wissenschaftliches Erbe, Konstituierung der Agrarökonomie und sozialistischen Betriebswirtschaft in der DDR; landtechnische und technologische Disziplinen; Bodenfruchtbarkeit, Pflanzenbau, Pflanzenzüchtung; Entwicklung des Landwirtschaftsstudiums; ferner Einzelbeiträge zu geschichtlichen Aspekten der Tierproduktionsforschung, des Veterinärwesens, der Forstwirtschaft und der Mitschurinbewegung der 50er Jahre.

Bei Fragen zur Produktsicherheit wenden Sie sich bitte an:
If you have any questions regarding product safety,
please contact:

Walter de Gruyter GmbH
Genthiner Straße 13
10785 Berlin
productsafety@degruyterbrill.com